用科學方式瞭解

熱 的為什麼？

關於食材 / 鍋具 / 烹調法 / 技巧應用，
各種疑問的完整解答 Q&A

大境文化

美味的料理自有能成就美味的 "科學"

　　廚藝頂尖的料理專家，無論是昨天、今天、明天，每天都能完成相同的料理，也絕對能保持相同的美味程度。如果只是單純依賴長久以來修習的廚藝，或是過去一向傳承的技巧，料理無法「一致性」維持相同的狀態。但現今能夠維持「一直以來」的狀態，可以說是將過去習得的技巧及廚藝，建立在科學根據之上所得的結果。這些廚藝頂尖的料理專家，在瞭解體驗了烹調過程中的各種現象後，並思考「為什麼？」的同時，也利用科學觀點來探究學習料理的技巧。這些「為什麼？」的解答，就是使料理美味的原因。

　　烹調的過程中，因為各種化學反應與物理現象複雜地交錯融合，而產生各式各樣的現象。由科學觀點來探究烹調過程，可以看得到並有意識地將這些現象加以控制，是為了讓使用的食材能有更適合的烹調方式；或是為了提升料理美味所不可或缺的操作步驟；還是完全沒有根據、也沒有意義的料理過程。

當然並非只要擁有科學觀點考量，就能製作出美味的料理，但有了這些觀點的輔助，在前人費盡工夫習得的技術及文化上，更能迅速且深入地發揮其作用。更甚者，可以成為嶄新地創作出與眾不同料理的契機。抱持著「為什麼？」的疑問，也是將烹調以科學觀點來檢視的第一步。

　　本書從各式各樣的烹調現象中，特別聚焦於加熱相關的科學變化，以Q&A的方式，從實際烹調的第一現場所提出的疑問與解答來呈現。除了書中所提出的疑問之外，相信每天運作的廚房裡，也必定充滿著各式各樣的困惑吧。即使是書中沒有提及的問題，也希望能藉由提出「為什麼？」的疑問裡，引導各位發想，在此試著針對加熱烹調所引發的現象，以及熱傳導方式，窮盡我個人所知加以解說。若本書能傳達出「美味的料理自有能成就美味之"科學"」，成為各位用嶄新觀點思考「為什麼？」的契機，就是我最大的榮幸。

　　二○○七年八月

佐藤秀美

用科學方式瞭解加熱的「為什麼？」──目次

第二章　鍋具與熱的關係

第三章 燙煮與熱的關係

第四章　燉煮・熬煮與熱的關係

第七章 蒸煮與熱的關係

烹調科學之基本　料理中的熱分成三種

Q.1
為什麼加熱的動作
可以使食品變熱？

在某些場所內，當溫度產生落差時，熱就會由高溫處移轉至低溫處，使得該空間得以成為相同的溫度。如此熱的傳遞方式分成傳導熱、對流熱、輻射熱三種。實際上，將熱傳導至食品當中，是由此三種傳遞方式交雜組合而成。

●對流熱

對流熱，是由「水煮」、「燉煮」、「油炸」、「煮沸」、「蒸煮」等可視為熱源進行傳導的烹調方法，利用流動的氣體（空氣或水蒸氣）、液體（水或具調味之湯汁、油等），接觸於固體（食品）之間的熱傳遞模式。食品雖然是由具熱度的氣體、液體傳遞熱度進行加熱，但「熱」本身以分子狀態來看，也可以說是空氣和水等分子激烈動作的狀態。激烈動作的液體分子碰觸到食品，接受到這律動狀態後，食品分子也會隨之動作，進而變熱（圖1）。

●傳導熱

所謂的傳導熱，是使用鍋子或平底鍋，利用「烘烤」、「熱炒」、「油煎」等可視為熱源進行傳導的方法，靜止狀態之物體當中具有溫差時，會自高溫處傳遞到低溫處的傳導熱源。在烹調當中，指的就是由熱的鍋具將熱傳遞至接觸鍋具內食品的方式，或是由食品表面以徐緩方式傳遞熱源至食品內部的傳遞方式。以分子狀態來看熱傳遞方式，可以說傳導熱與對流熱相同，是藉由高溫處激烈動作之分子的移動，將熱傳遞至低溫處的分子（圖2）。

●輻射熱（放射熱）

　　所謂的輻射熱，是利用碳火等籠罩於食品表面「碳火直燒」，或是以輻射式烤箱或烤魚網架，來進行食品「烘烤」等，調理上可視為熱的傳遞方式，藉由紅外線將熱傳遞至食品上。與對流熱或傳導熱那樣，以氣體（空氣）或液體（水等）、固體（食品或鍋具）的物體為媒介，來傳遞熱度的方法完全不同。

　　所謂的紅外線，是波長0.75~1000m微米（micron）左右的電滋波（請參照 Q3）。碳火、烤箱的加熱體（發熱體）等，高溫的熱源無論哪種都放射著紅外線。紅外線接觸至食品表面，食品的該部位分子就會作動（圖3）。也就是紅外線被食品表面吸收後開始變熱。站立於碳火或焰火、烤箱附近時，即使沒有直接接觸也會感覺到熱度，就是由其中散發出的紅外線接觸至身體被吸收，而變熱的原故。

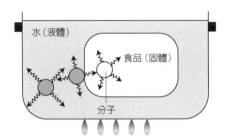

圖1　對流熱的傳遞方式
藉由對流中的高溫液體分子，接觸到固體食品產生作動來傳遞。

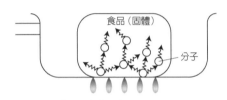

圖2　傳導熱的傳遞方式
藉由高溫分子的作動傳遞至旁邊的分子。

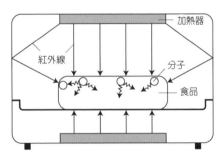

圖3　輻射熱（放射熱）的傳遞方式
紅外線使食品分子振動。

依烹調方法
熱的傳導方式也不同嗎？

●「水煮」、「燉煮」的熱傳遞方式（圖1）

在所謂「水煮」、「燉煮」的烹調方法當中，「水煮」使用的是水，「燉煮」時使用的是加了調味的湯汁等，與食品接觸之液體的種類雖然不同，但無論哪一種對食品的熱傳遞方式，都是對流熱。加熱鍋子使液體溫度提高時，自然會產生對流，而這樣的對流熱就能加熱食品。液體的對流越是激烈，傳遞至食品的熱就越多，可以更快地加熱食品。雖然液體沸騰時的咕嚕咕嚕聲與氣泡會冒出更多，但一旦呈現如此狀態，會比利用自然對流加熱，更具上百倍的熱傳遞至食品當中。

●「烘烤」、「熱炒」、「油煎」的熱傳遞方式（圖2）

將食品放置於平底鍋或鍋子上加熱時，由變熱的鍋底所產生的傳導熱來加熱食品。

●「烤箱烘烤」的熱傳遞方式（圖3）

利用烤箱烘烤，將食品放置在鐵板（烤盤）上。食品與烤盤接觸的部分藉由烤盤傳遞的傳導熱，而沒有與烤盤接觸的部分，若是對流式（旋風）烤箱則是對流熱，輻射式（放射）烤箱則主要是由加熱器的輻射熱來加熱。此外，隨著加熱的進行，食品中所含的水分會隨之蒸發，因水蒸氣是被封閉在烤箱內，這水蒸氣的凝縮熱 *1 也有助於食品的加熱。

●「碳火直燒」的熱傳遞方式（圖4）

碳火直燒的熱源，所使用的是碳火、瓦斯火、火焰或烤魚網架的加熱器等。從主要的熱源所產生的輻射熱，將熱度傳遞至食品，將食品放置在靠近熱源之處，熱源周圍變熱的空氣所產生之對流熱，也能傳遞熱度。

---

*1　凝縮熱　水蒸氣接觸到100℃以下的食品時會變成水，此時放釋放出1g相當於539卡路里的熱量。這個熱量就稱為凝縮熱。

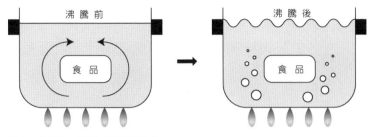

圖1 「水煮」、「燉煮」的熱傳遞方式

圖2 「烘烤」、「熱炒」、「油煎」的熱傳遞方式

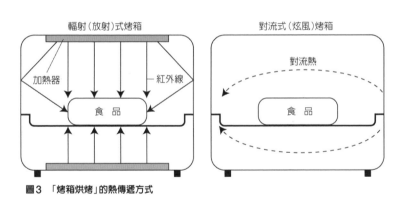

圖3 「烤箱烘烤」的熱傳遞方式

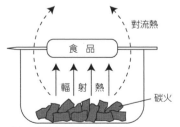

圖4 「碳火直燒」的熱傳遞方式

甜、鹹、酸、苦、美味－
「味覺」是生命持續，極具意義的信號

溶化於唾液和水之中的化學物質，會接觸到舌頭等表面稱之為「味蕾」的微小
器官，而使人感覺到味道。味蕾除了舌頭表面之外，也存在於下顎深處及喉嚨
附近。味道當中，分成甜味、鹹味、酸味、苦味及美味五種，這些就稱為基本
味道。除了基本味道，還有澀味、辣味、刺舌辛味、金屬味、鹼味 ... 等，這些
並不是透過味蕾感覺到的味道。例如，辣味是由黏膜中的痛及溫熱感，受到辣
的物質刺激而感覺出的味道；澀味及刺舌辛味，則是含有其味道的物質接觸到
口中黏膜，因黏膜收縮而感覺出的味道。基本味道之外，主要是由皮膚感覺到
的情報，而以「味道」的方式表現出來。

●所含味道的意義

味道對生物而言是為了維持生命，具有深切意義的信號。以出生後尚未食用
任何味道的初生嬰兒來研究調查其反應，可以確知人類本能地喜好甘甜及美
味，而不喜酸味及苦味。顯示出甜味的糖，可以在人體內迅速地被吸收並轉換
成熱量。因此，甜味是維持生命不可或缺「熱量來源的風味」，因此人們下意
識地產生喜歡的感覺。顯現出美味的代表物質，是胺基酸和肌苷酸（inosinic
acid），蛋白質就是結合了許多胺基酸的物質，此外，蛋白質食品也富含肌苷
酸。因此美味也是維持生命所不可或缺，「蛋白質來源的風味」並且深受喜愛。
另一方面，酸味是顯示食品腐敗的信息；苦味是食物中含有生物鹼（Alkaloid）
的信息，為了維持生命必須多加留意的味道。初生嬰兒直到出生後100~120
天左右，對鹹味沒有反應，所以無法進行確認，但鹹味也是人體所不可或缺「礦
物質來源的風味」而受到喜愛。感知好吃的味道，或許也可以視為，此種食物
含有對人體必要的成分。

第一章　加熱機器與熱的關係

Q.3

所謂的遠紅外線
是什麼呢？

有很多打著遠紅外線功能的生活用品，烹調機器或器具也有很多是利用這個功能為訴求。

所謂的遠紅外線，其實是電磁波中的一項分類（圖1），再更仔細具體而言，就是波長0.75~1000微米（micron）左右的電磁波，稱為紅外線，大多會將紅外線當中波長0.75~3微米左右的區分為近紅外線，3~1000微米程度的，稱為遠紅外線。遠紅外線的波長領域是3~1000微米的大範圍，實際上食品加熱時利用的，就是波長3~30微米的遠紅外線。

紅外線，在食品的表面被吸收後，變成熱量使得食品溫度上升。依波長不同，進入食品內部的距離也因而相異，波長越短越能深入食品內部。所謂深入食品內部其深度，也不過是表面以下的數釐米而已，即使是以波長比遠紅外線短的近紅外線直接加熱，溫度升高的也僅只是食品表面下數釐米的表層而已，遠紅外線更是無法進入食品內部地，被表面所吸收。也就是採用遠紅外線加熱的食品，幾乎都只有表層部分的溫度升高而已（圖2）。

用遠紅外線加熱時，食品表面溫度會迅速升高，表面水蒸氣蒸發，因此會呈現烘烤色澤，完成乾燥酥脆的表層。另一方面，內部因表面所產生的傳導熱而緩慢地加熱，也會因

圖1 電磁波的波長區隔

波長（m）	名稱	用途
10^5		
10^4		
10^3（1km）	中波	廣播播放
10^2		
10^1	短波	短波播放
10^0（1m）	超短波	FM 或電視播放
10^{-1}	微波	微波爐
10^{-2}（1cm）		
10^{-3}（1mm）		雷達衛星通訊
10^{-4}	紅外線	
10^{-5}	├ 遠紅外線 └ 近紅外線	
10^{-6}（1微米）		
10^{-7}	可視光線	
10^{-8}	紫外線	
10^{-9}（1奈米）		
10^{-10}	X線	X光檢查

水分的保持，完成時仍能維持潤澤的口感。

　　利用遠紅外線加熱的特徵而烹調的代表性例子，就是烘烤肉或魚類。利用遠紅外線加熱的機器烘烤肉或魚類，表面會迅速地因熱而凝固，可以抑制內部美味成分的流失，成品維持多汁潤澤的口感。其他像是海綿蛋糕等，使用遠紅外線加熱烤箱來烘烤，內部會因緩慢加熱而不太會形成大型氣泡，烘烤出的成品則能維持住細緻潤澤的口感，同時形成完美的烘烤色澤（圖3）。更甚者，在食品業界中，厚度較薄的食品乾燥，也有很多會利用遠紅外線來進行。

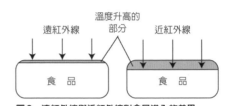

圖2　遠紅外線與近紅外線對食品滲入的差異
遠紅外線會在食品表面變成熱度，近紅外線會滲入數釐米程度的內部變成熱度。

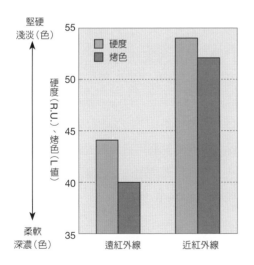

圖3　利用遠紅外線與近紅外線的加熱器，烘烤海綿蛋糕的成品差異
用遠紅外線烘烤的海綿蛋糕，完成時柔軟且烘烤色澤深濃。
佐藤秀美、日本家政學會誌　40,987-994（1989）

Q.4

使用遠紅外線，
無論什麼料理都能美味地完成嗎？

　　以前就常聽到大家讚揚「遠紅外線可以深入滲透食品內部，迅速美味地完成」。這是真的嗎？

　　至少「遠紅外線可以深入滲透食品內部」這個觀點，是完全錯誤。正如 Q3 所述，遠紅外線會被食品表面所吸收變成熱度，由此即可明顯地確認，無法深入至食品內部。

　　關於「遠紅外線可以迅速加熱食品」的部分，並不是紅外線波長的問題，而是取決於傳遞至食品的熱量大小。使用消耗電力較小的遠紅外線加熱器，食品無法被快速加熱。

　　關於「遠紅外線可以美味地完成食品」的部分，會依食品的種類和烹調方法而異。例如，製作烤魚，稱為美味的條件，是適度的烤色、表面酥脆乾燥、內部保持水分及美味多汁。若是要完成如此的料理，就適用遠紅外線烹調。但若是戚風蛋糕般表面無需烤色，內部膨鬆柔軟的膨脹，與其用遠紅外線，不如用近紅外線更為適合。原因在於近紅外線會更容易深入食品之中。

　　雖然常可見到強調遠紅外線效果的燉煮鍋具、平底鍋 ... 等，但遠紅外線的效果展現在以輻射熱加熱食品時。鍋具等利用液體對流熱的器具，或是平底鍋等利用加熱的高溫金屬板，來進行直接熱傳遞的器具，就算使用可放射遠紅外線的材質，也無法期待有太大的效果。

Q.5
所謂的真空烹調法
是什麼呢？

　　真空烹調法是以低溫長時間加熱肉類的方法，在1970年由法國所開發出來。這是將生鮮食品直接，或是先用平式鍋、烤網...等，進行預備處理作業使表面呈現烤色後，再放入特殊的膠膜袋中密封，以隔水加熱或蒸氣烤箱加熱的烹調方式。特殊的膠膜袋可以與食品貼緊密合，因此食品以膠膜袋作爲媒介，將熱水或蒸氣的熱度傳遞至食品中。因此，食品表面與中央部分，基本上會與隔水加熱的熱水溫度，或是蒸氣烤箱內的溫度相同。也就是在真空烹調法當中，食品表面與內部之間沒有溫差，用相同的溫度一直持續加熱完成。雖然名爲「真空」，但在特殊的膠膜袋中，嚴格說來並非真空，而是排出多餘空氣使其呈現減壓狀態。氣壓越低液體的沸點也會隨之變低。亦即是真空烹調法當中，加熱溫度即使低至某個程度，但在特殊膠膜袋內仍能使其沸騰，因此味道也容易滲入食品內。加熱溫度和加熱時間會依食品及料理種類而有所不同（表1）。

　　真空烹調法的主要特徵是 ①低溫長時間加熱，因此可以做出柔軟的肉類料理，也不會流失肉汁、 ②食品被密封住，因此能保持食品的風味及美味，使味道均勻滲入食材之中、 ③因烹調後保存在0~3℃的狀態，能以此狀態保存一週左右，所以才能讓物流、服務產業...等，得以簡便提供穩定品質的料理。此外，因 ②密封而使食物得以保留美味的特色，反之食品中所存有的澀味或氣味，以真空烹調法烹調時也會存留於其中。要以真空烹調法來烹調具有澀味或氣味的食材時，事先進行去澀除臭的作業，也是必要的步驟。

　　實際上，以真空烹調法完成的加熱食品，與過去的蒸煮加熱法，兩相比較看看。雞胸肉或花枝以低溫（60~62℃）的真空烹調，成品的完成重量耗損較蒸煮加熱的烹調法低，也可以確認肉質會更爲柔軟。

表1 真空烹調法的加熱溫度與時間

素材				烤箱內隔水之溫度	材料中央部分之溫度	時　間
肉類	紅肉	帶血的（半生）	牛肉　腰內肉	58℃	58℃	25分
			里脊	58℃	58℃	2小時
			小羊肉　背肉	58℃	54~55℃	35分
			肩胛肉	58℃	58℃	1小時15分
		淺鍋（蒸煮）、燙煮（水煮）、香煎	牛肉	66℃	66℃	72小時
			小羊肉	66℃	66℃	48小時
	白肉	炙烤（Roti）	小牛肉	66℃	66℃	2小時
			豬肉	66℃	66℃	2小時
			雞胸肉	62℃	62℃	30分
			香烤雞肉	62℃	62℃	1小時
		香煎	小牛肉	66℃	66℃	48小時
		水煮高湯	豬	66℃	66℃	18小時
			雞	66℃	60℃	8小時
魚			鮭魚	62℃	58℃	6分
			鰨魚(sole)1條	62℃	58℃	7分
			比目魚	62℃	60℃	8分
蔬菜			朝鮮薊	95℃	95℃	35分(大型)
			菊苣	95℃	95℃	20分
			蘆筍	95℃	95℃	15分
			紅蘿蔔	85℃	85℃	45~60分

脇雅世、烹調科學　22,190-195（1989）

圖1 以真空烹調法加熱雞胸肉的完成觀察

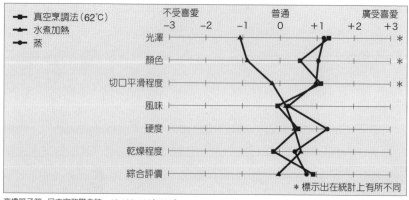

- ■ 真空烹調法（62℃）
- ▲ 水煮加熱
- ● 蒸

高橋節子等、日本家政學會誌　45,123-130（1994）

這是因為在低溫下長時間加熱，可以一邊抑制筋肉的收縮、一邊使膠原蛋白成為明膠化狀態之故。實際上，就品嚐後的評價結果來看，以雞胸肉而言，評價遠高於水煮加熱的烹調法（圖1）。但蒸熱的雞胸肉與真空烹調法的肉質，幾乎沒有什麼差異。以花枝來說，真空烹調法與過去的加熱方式也幾乎沒有什麼不同。

　　以真空烹調方式加熱動物性食材，特別是加熱溫度會對成品造成大幅的影響。加熱溫度變高時，無論是真空烹調法或傳統烹調法，其重量的耗損都會變大，肉質也會變硬。此外，也經由實驗證明了加熱時間，幾乎不會對成品造成影響。

　　另一方面，蔬菜等植物性食材，以50~60℃的低溫加熱，會因酵素的作用而變硬。用70℃以上的高溫加熱，會因高溫而變得柔軟。也就是想要將蔬菜煮得較硬時，可以用真空烹調法的低溫長時間加熱，就可以呈現此種效果，但因蔬菜的烹調大多是以煮至柔軟為目的，因此相較於動物性食材，真空烹調法的優點，在此就沒有那麼大的作用了。

Q.6

瓦斯爐的火焰
為什麼會忽而變紅忽而變藍呢？

　　瓦斯的燃燒，是瓦斯與空氣中的氧氣間激烈的化學反應所引發，產生出光和熱的現象。在我們的眼中這樣的光，就是火焰。火焰的顏色會因瓦斯與空氣混合的比例而有不同的變化。在空氣中瓦斯完全燃燒時，火焰的中央部分會是透明的水藍色，外側是淡紫色，也就是所謂的藍焰。而當空氣含較少氧氣，氧氣不足時，瓦斯無法順利完全燃燒，火焰的顏色會變成紅色，也會驟然變大。會看得見紅色，是因不完全燃燒，而看見閃耀著的煙灰所致。

　　烹調用的瓦斯爐一般如圖1所示，使用的是稱為本生式的噴射器。所謂的本生式，是由噴嘴噴出的瓦斯在混合管內使其與空氣混合，再由稱之為焰口的瓦斯噴出口所噴出，與周圍的空氣混合燃燒。當焰口因不明原因被阻塞時，會改變瓦斯與空氣混合的比例，導致不完全燃燒的產生。在燉煮食物時溢出的煮汁、或剛洗好的鍋子放置在瓦斯爐上時會產生紅色火焰，是因為煮汁或水滴阻塞了瓦斯的噴出口。當火焰變成紅色時，會產生有毒的一氧化碳氣體，也就是造成一氧化碳中毒的原因，請務必要小心。

火焰的顏色也會因燃燒的材料而有不同。單純只有瓦斯時是藍色的焰火，但鍋底含有鹽或醬油等鹽分，或溢出的湯汁中含鹽時，鹽分中所含的鈉會和瓦斯一起燃燒，因而形成橘色火焰。混入銅成分時，火焰則會變成綠色。

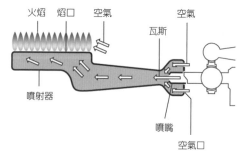

圖1　瓦斯爐的基本構造（本生式噴射器）

火焰　焰口　空氣　　　空氣　　瓦斯　　噴射器　　噴嘴　　空氣口

Q.7
電力和瓦斯，
哪種比較能快速煮沸熱水呢？

　　熱水煮沸的速度，是由熱源傳至鍋子或茶壺的熱量來決定。無論熱源是使用電力或瓦斯，只要由熱源傳出的熱量相同，則熱水煮沸的速度就會相同。話雖如此，實際上進行烹調時，或許大家常會感覺到電和瓦斯的沸騰速度並不相同。這是因為電力機器或瓦斯機器所提供的熱量本身即有差異，再加上機器提供的熱量，與鍋具或茶壺實際接收的熱量也不同所致。

　　機器傳遞至鍋具的熱量，使用瓦斯時是以瓦斯消耗表來標示；使用電力時，是以消耗電量來表示，無法單純地進行比較。那麼，試著以機器所提供的熱量，與鍋具實際接收的熱量，標示比率的熱效率來比較看看吧。使用瓦斯爐的熱效率約為40%，使用電器爐具的熱效率為50% 左右，而IH 調理爐則高達80~90%（圖 1）。但即使是瓦斯的熱效率較低，但提供的熱量越大，傳遞熱量也會變大，就可以讓熱水迅速煮沸。而熱效率高的IH 調理爐，由機器所提供的熱量小，傳遞熱量越小，煮沸的速度也會變慢。所以僅比較熱效率，也無法直接對應煮沸熱水的速度。

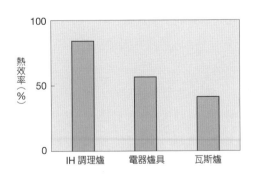

圖 1　各種加熱調理器的熱效率
香川縣消費生活中心「商品測試情報」

Q.8

都市天然氣和桶裝瓦斯的火力大小
也有所不同嗎？

　　瓦斯，分成都市天然氣和桶裝瓦斯兩種。都市天然氣是泛指由瓦斯管所提供的瓦斯總稱，而沒有提供都市天然氣的地區，就會使用桶裝瓦斯。都市天然氣的主要原料，是將地底產生的天然氣冷卻成爲液體的液化天然瓦斯（LNG=Liquefied natural gas），主要成分是甲烷（methane）。其他石碳瓦斯等也會作爲其原料。另一方面桶裝瓦斯是指液化石油氣（Liquefied petroleum gas）的商品用語，通常也被稱爲 LP 瓦斯。主要的成分是丙烷（propane），即使是常溫之下只要施加壓力就可以簡單地使其液化，一般會裝入桶中使用。

　　試著比較都市天然氣與桶裝瓦斯的發熱量，雖然桶裝瓦斯的發熱量大於都市天然氣兩倍，但也並不是使用如此大發熱量桶裝瓦斯的瓦斯爐，火力會比較強。烹調用瓦斯爐的火力，與使用都市天然氣或桶裝瓦斯的種類沒有關係，火力是取決於瓦斯爐的構造。瓦斯爐的火力強度，是以機器的瓦斯消耗量（單位：度 KW）來表示，這個數值越大火力越強。

　　瓦斯機器，會視瓦斯種類而事先搭配好。這是因爲瓦斯的種類不同，燃燒所需的空氣量也不同。都市天然氣與桶裝瓦斯用的機器構造也會因而不同，所以若沒有配合瓦斯種類來使用，可能引發不完全燃燒或火災等危險。

　　都市天然氣與桶裝瓦斯其比重也有很大的差異，都市天然氣比空氣輕，而桶裝瓦斯則重於空氣。因此當瓦斯外漏時，都市天然氣的氣體會向上飄，所以必須注意火源地，將門窗打開使其擴散排出。桶裝瓦斯則是相反地氣體會向下沈，所以必須要用掃把等，將氣體撥出戶外使其擴散排出。

Q.9

用瓦斯爐直接烤魚，
瓦斯氣味會沾染在魚肉上是真的嗎？

　　瓦斯本來是沒有氣味的，但為了防止瓦斯外漏產生事故，因此添加了人工硫黃的成分使其產生氣味。這就是我們所說瓦斯臭味的來源。瓦斯完全燃燒時，雖然會產生二氧化碳和水蒸氣，但是卻沒有味道。但由魚類所流出的脂肪 ... 等阻塞了噴出口（焰口），因為會引發不完全燃燒，使得產生一氧化碳或煙灰的同時，沒有燃燒的瓦斯也會因而外漏出來。一氧化碳或煙灰雖然沒有味道，但瓦斯有瓦斯的氣味。魚肉上會沾染上瓦斯味，是因為在不完全燃燒的狀態下，進行烤魚的結果。

　　用手持式的瓦斯噴鎗，從上方炙燒魚的表面，或許也會因相同的原因而產生令人介意的瓦斯味。這種瓦斯噴鎗用的瓦斯是桶裝瓦斯，所以比重大於都市天然氣，當不完全燃燒的瓦斯漏出時，瓦斯氣體會向下沈降。向下沈降的瓦斯若接觸到魚肉，也有可能會沾染瓦斯味。

　　相較於此，直接用瓦斯烘烤魚料理，需要注意兩個重點。首先，由魚類中所融出的脂肪會因火焰的燃燒而成為煙灰，附著在魚的表面。其次是瓦斯燃燒時所產生的水蒸氣。水蒸氣一旦接觸到魚的表面，便會凝結成水滴，而當水滴再次被加熱蒸發時，會因蒸發熱*1而奪取了較大的熱源。如此一來，魚表面的溫度就不容易升高了。也就是說直接用瓦斯烘烤時，魚表面的溫度很難達到所期待的高溫。烘烤魚料理時的香氣成分（吡嗪類 pyrazine），是蛋白質或脂肪遇熱分解出來的物質。魚表面溫度若沒有升高，這些香氣成分就不容易產生。吃這樣沒有烤魚香味的料理，就會覺得魚肉上有瓦斯味或是含有硫黃成分的魚腥味（三甲胺 trimethylamine）。

---

*1 蒸發熱　水變成水蒸氣時會奪取所需要的熱源。奪取的熱量每 1g 的水需 539 卡路里。

Q.10

為什麼會說
「碳火烤能烘烤得更美味」呢？

肉或魚類等用碳火烤時，表面會烘烤出金黃焦色又具獨特香氣，還能保有其中美味汁液。所謂「碳火烤能烘烤得更美味」，應該指的就是包含這些表現的成品。

用碳火烤能烘烤得更美味，是因為食品主要是以輻射熱加熱，相較於使用瓦斯直接烘烤魚，或放置在烤魚網架上以加熱器烘烤的成品，可以列舉出：碳火放射出的是遠紅外線，熱量較大 ... 等原因。

由碳火傳遞至食品的熱度，約有八成是來自於遠紅外線而產生的輻射熱。比較碳火、瓦斯和電力加熱器所放射出的紅外線，碳火中放射出較多波長較長的遠紅外線。以遠紅外線來加熱時，會如 Q3 所述，迅速地出現烤色並且會烘烤出脆硬表面。因此用放射較多遠紅外線的碳火來烘烤，食品會烘烤得金黃香脆。

要烘烤出「金黃香脆」的成品，也會大幅影響到傳遞至食品的熱量。熱量會被熱源表面溫度所左右。比較碳火和電力加熱器的表面溫度，碳火大約是800~1200℃，電力加熱器則是在600℃前後，碳火明顯地高出相當多。因此，碳火烤時傳遞至食品的熱量會更大至3~10數倍。碳火烤較美味的理由，往往大家都容易著眼於遠紅外線的效果，但其實效果在遠紅外線之上的，是傳遞至食品中巨大的熱量，這才是成就碳火烤美味的原因。

而且，以碳火烤的肉類或魚類，遠比以電力或瓦斯加熱器，以及直接以瓦斯烘烤更加美味且香氣四溢。但即使是碳火烤，也沒有添加特別不同的香料成分。烘烤時所產生的香氣成分種類，不管用碳火烤或加熱器，又或是直接以瓦斯烘烤，產生的成分都相同。不同之處在於其比率。經實驗證實以碳火烤，令人不喜的味道（脂肪族醛類 aldehyde）較少，而感覺美味的香氣（吡嗪類 pyrazine 或吡咯 Pyrrol）的成分較多。

Q.11

焦碳的火力
會比木碳更強嗎？

　　焦碳的原料是煤碳，煤碳是植物化石碳化而成。另外，備長碳等碳的原料則是木材。因此後者則被稱之爲木碳。焦碳或木碳，都是經由1000℃以上的高溫爐所蒸烤製成。發熱量焦碳約大於木碳兩倍（表1），也因此焦碳的火力也較強。

表1　各種燃料的比重與發熱量

	比重	發熱量（kcal/kg）
都市天然氣（13A）	－	13,017
燈　油	0.79	11,000
焦　碳	1.87	7,549
煤　碳	1.53	6,149
木　材	0.8	3,832
木　碳	1.45	3,266

　　儘管焦碳的火力強大，但能長時間維持強大火力的優點，相較於木碳更具魅力。可以長時間維持火力，是因爲焦碳的比重[*1]較木碳約重三成左右。舉例而言，準備同樣大小容器，一個塞滿焦碳、一個塞滿木碳時，就表示塞滿焦碳的容器比塞滿木碳的容器，更多裝入了三成燃料的意思。換言之就是燃料桶中裝入多的燃料，多裝的部分就能夠更加拉長時間、持續加熱。燃燒的方法也會因空氣的供給方式而有所改變，因此相較於木碳，焦碳能夠持續多長的加熱時間，無法單純地加以計算。利用焦碳的火力強度，與能長時間利用強大火力的優點，很多店家會選擇用於甲魚鍋等料理的加熱。

---

*1比重　某物質的重量與其相同體積之水重量的比例。

旋風烤箱與加熱器加熱的烤箱，
火力的傳導方式也不同嗎？

　　烤箱依其加熱方法的不同，可以分爲兩大類。一是在烤箱內吹送出熱風的對流式（旋風）烤箱，另一種是在烤箱內以固定的加熱器（發熱體）散發出熱量的輻射式（放射）烤箱。

對流式（旋風）烤箱，是強制使烤箱內的高溫空氣循環接觸食品，以此爲主要加熱方式。嚴格來說，溫度升高的烤箱壁面散發出的紅外線或烤盤（烤箱鐵盤）傳遞出的熱量，也有助於食物的加熱，但傳遞至食品的熱量70%是由對流熱作用而來。即使是兩片以上放置食品的烤盤，在烤盤與烤盤間熱風的對流也可以因而加熱，所以可以一次同時加熱許多食品。

另一方面，輻射式（放射）烤箱，主要是以發熱的加熱器，和溫度升高的烤箱壁面所散發出的紅外線來加熱食品。嚴格來說，藉由輻射熱傳遞至食品的熱量約占全體的70%，其餘的熱量則是來自於烤箱內自然產生對流的空氣所傳導。食品直接觸及紅外線的部分，會更迅速加熱，而紅外線所無法觸及的部

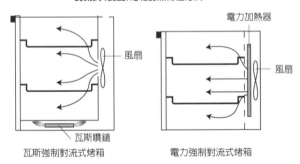

對流式（旋風）烤箱的熱傳遞方式

風扇

電力加熱器

風扇

瓦斯噴鎗

瓦斯強制對流式烤箱　　　　電力強制對流式烤箱

輻射（放射）式烤箱的熱傳遞方式

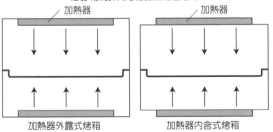

加熱器　　　　　　　　　加熱器

加熱器外露式烤箱　　　　　加熱器內含式烤箱

分，加熱速度就會相對遲緩。因此輻射式烤箱使用兩片烤盤時，上方烤盤的食品因紅外線加熱而表面呈現烤色，下方烤盤因紅外線無法觸及，而不太上色。亦即不適合一次加熱烘烤大量食品。

　　再者，過去提到瓦斯烤箱，指的是利用瓦斯加熱的高溫空氣，對流加熱食品的對流式烤箱，而電力烤箱，指的是利用由電力加熱器放射出的紅外線，加熱食品的輻射式烤箱。熱源的不同，將熱量傳遞至食品的方法也不同。但最近即使是瓦斯烤箱，也能夠利用輻射熱來加熱的輻射式烤箱；電力烤箱也能利用對流熱來加熱的對流式烤箱，紛紛上市了。

Q.13

為什麼用烤箱烘烤，
會有烤不均勻的狀況呢？

　　用烤箱加熱時，會因放置食品的位置而使得烤出的烘焙色澤有濃淡之分，因而造成烘烤不均。這是因烤箱的構造，使得烤箱內有受熱較多及受熱較少的部分，導致的現象。

　　使用對流式（旋風）烤箱烘烤，會產生烘烤不均現象的位置，是熱風出風口附近和距出風口較遠的部分。對流熱的熱風溫度越高，或是熱風的風勢（風速）越強，傳遞至食品上的熱量越大。也就是傳遞至食品的熱量越多的位置，就是熱風的出風口。此外，烤箱內四個角落是熱風無處可散的迴旋之處，因此這個位置的食品也會接受到較大的熱量，形成較深濃的烤色（圖1）。

　　要減少對流式烤箱的烘烤不均，可用熱風在烤箱內迴旋形式來思考，食品放置在烤盤時儘量避開熱風旋吹出的路徑上，就可以減少烘烤不均，也可以更有效率地進行食品加熱。例如在同一烤盤上並排磅蛋糕模，熱風出風口處不要擺放蛋糕模，以避免遮蔽熱風，將蛋糕模順著熱風的流向平行擺放，考量容易遮蔽到熱風的烤盤則以烤網來代替...等，就可以大幅改善烘烤不勻的狀況了（圖2）。

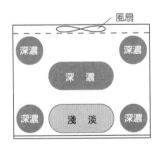

圖1　對流式（旋風）烤箱內，烤盤上烘烤不均的位置

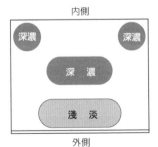

圖3　輻射（放射）式烤箱內，烤盤上烘烤不均的位置

另一方面，輻射（放射）式烤箱，會因烤箱內的位置而有接受到較多紅外線的部分，及無法接受到紅外線的部分，這就會呈現出烘烤不均的狀況。雖然也會因烤箱構造而有不同，但一般而言，加熱器的正下方與內側的兩個角落，因壁面放射出的紅外線容易集中，又不容易消散，所以食品容易接收到大量的紅外線。在這個位置會迅速地加熱而產生深濃烤色。相反地，烤箱門側靠近玻璃的位置，因紅外線會穿透玻璃散至烤箱之外，所以在烤箱門附近位置的食品接受到紅外線的熱量也會變少，因此放置在玻璃門附近的食品烤色較淡（圖3）。站在烤箱前面身體會有溫暖的感覺，這就是紅外線穿透玻璃門散發出來的證據。在門上玻璃處貼上鋁箔紙，當紅外線接觸到鋁箔紙時，會再反射回烤箱內的食品上，如此就可以抑制溫度及烤色不均的狀況了。

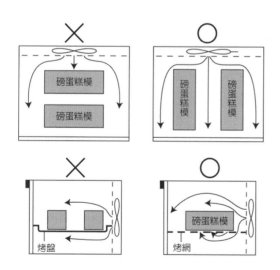

圖2 對流式（旋風）烤箱內，有效擺放食品的方法

上：考量熱風路徑地擺放食品。

下：使熱風容易穿透地使用烤網。

Q.14

常說「烤箱會因機種而各有其特性」
是什麼意思呢？

　　烤箱因使用機種的不同，即使設定相同的溫度和時間，完成時的烘烤色澤和完成狀態也會因而不同。造成不同的原因各式各樣，綜觀來說，應該可以用烤箱的「特性」來表現吧。

　　「特性」中最具相關性的，就是將熱量傳遞至食品的方法不同，也就是烤箱的類型不同（請參考 Q12）。其次是加熱器（發熱體）的種類或是熱風吹出的風勢，再者是烤箱內的尺寸、烤盤以及壁面材質等的差異，也會使烤箱各有不同的「特性」。若能依此掌握住烤箱的特性，用以調整溫度及烘烤時間，再花點時間思考食品擺放的位置，就能控制住烘烤完成的狀態。

●對流式（旋風）烤箱的「特性」

　　對流式烤箱，依機種而產生各別不同「特性」的原因，是因烤箱內噴出熱風之風勢（風速）會因機種不同而有差異。風速越快，食品也能接收到越多熱量，如此就會縮短加熱時間。只是風速越快，食品表面的水分蒸發也會隨著氣流而流失，因此容易做出乾燥、口感乾鬆的成品。

●輻射（放射）式烤箱的「特性」

　　輻射式烤箱，依機種而產生各別不同「特性」的原因，主要是因為加熱器或壁面放射出的紅外線波長（請參照 Q3）相異所造成。加熱器的種類不同，由加熱器所放射出的紅外線波長也會因而有異，因此完成的成品也會不一樣。此外，烤箱內壁面溫度升高時，也會由壁面放射出紅外線。依壁面材質不同也會改變紅外線的波長，塗成黑色的壁面則會放射出遠紅外線，如果是亮晶晶的不鏽鋼壁面，則會直接將加熱器放射出的紅外線反射回去。

也就是依壁面顏色不同，食品的烘烤色澤或成品狀態也會隨之改變。

　　烤箱內的尺寸與加熱器裝設的位置，也是造成烤箱有不同「特性」的原因。

　　即使烤箱的消耗電力相同，但烤箱內高度較底的食品，受熱量也會變大。此外，試著觀察看看烤箱內部，相較於看不見加熱器的烤箱，看得見加熱器的烤箱，食品接收的熱量也會變大。接收的熱量越多食品就能越快完成。

●因烤盤不同而產生的「特性」

　　放置於烤盤上的食品，會接收到由烤盤所傳遞出的傳導熱。因此烤盤顏色不同時，也會展現在「特性」上。對流式烤箱雖然不會因烤盤的顏色而受到影響，但輻射式烤箱就會有相當大的差異。輻射式烤箱使用略黑的烤盤時，會比略白的淺色烤盤有更深濃的烤色。製作餅乾等較不具厚度的食品，加熱時間也會縮短。這是因為烤盤的顏色略黑，能吸收較多的紅外線，所以烤盤的溫度也會隨之升高。夏天穿著的衣服，大家常說白色衣服比黑色衣服更能反射陽光，所以比較涼爽，同樣的原理也可以用在烤盤上。但即使用的是黑色烤盤，只要在上面舖放亮晶晶的鋁箔紙，紅外線會被鋁箔紙所反射，因此烤盤溫度不會變得太高，也可以避免食品底部烤色過濃。

Q.15

水波爐
為什麼可以用水來烘烤呢？

　　業務用烤箱當中，蒸氣旋風烤箱（steam convection oven）已經十分普及，但家庭中登場的則是可利用水蒸氣的水波爐機種。家庭用的水波爐等感覺好像是「用水燒烤」，但其實加熱的構造與業務用的蒸氣旋風烤箱相同，都是利用過熱蒸氣來烘烤食品。所謂的過熱蒸氣，就是水煮至沸騰時所產生的水蒸氣，再持續加熱至100℃以上時，會成為與空氣相同的無色透明氣體。

　　對流式（旋風）烤箱是利用高溫空氣、水波爐是利用過熱蒸氣，使用的氣體種類不同，但就食品而言，都是利用熱氣體的對流來傳遞熱量。做為氣體，利用過熱蒸氣的水波爐，與利用空氣的對流式烤箱，最大的不同點，在於凝縮熱[*1]對食品加熱有很大的貢獻。因此食品表面溫度達到100℃為止，水波爐會比對流式烤箱更能讓食品溫度上升。而當食品表面溫度超過100℃，達到烘烤色澤所需的溫度，與對流式烤箱內加熱的食品一樣，也會出現烘烤色澤。

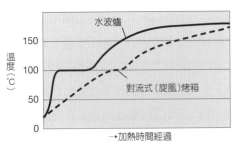

圖1　水波爐和對流式（旋風）烤箱，加熱時食品表面溫度的上升方式

使用水波爐時，在食品表面溫度達100℃為止，溫度會急速升高。對流式烤箱，則是使食品表面溫度緩慢升高。超過100℃之後，兩者的溫度升高方式幾乎相同。

　　並且，當業務用蒸氣旋風烤箱在100℃以上，使用蒸氣時的加熱結構，與水波爐的加熱結構幾乎相同。

---

*1　凝縮熱　水蒸氣接觸100℃以下的食品時，還原成水所散發出的熱量。1g 的水蒸氣散發出的熱量相當於539卡路里。

Q.16

IH 調理爐觸摸時也不覺燙手，
但為何能加熱呢？

所謂 IH 調理爐，就是利用電磁誘導的加熱方法，取「誘導加熱」的英文 Induction heating 的字首而命名，也稱爲 IH 烹調加熱器。

IH 調理爐的發熱原理如圖1所示。當電流通過在頂部面板下方，產生磁力的環形線圈，就產生了磁力線。這個磁力線通過鐵製鍋具，會在鍋底變成渦電流。鐵等金屬會對電力抵抗，因此渦電流通過時金屬會因而發熱——也就是渦電流通過的鐵製鍋具會因而變熱，但是發熱的並非鍋具全部，只有在產生磁力的環形線圈正上方，鍋具的底部而已。電陶爐的加熱器就正好在鍋底發揮其作用，順道一提的是電陶爐的鎳鉻絲 ... 等加熱器的發熱，是由加熱器材質中使用了對電力抵抗的大量金屬，但用於產生磁力、環形線圈的金屬，則採用電力抵抗較少的種類，即使電流通過也不會發熱。此外，頂部面板使用的是陶瓷等電流不會通過的材質，基本上也是不會發熱的種類，因此加熱中或加熱後，即使觸碰 IH 調理爐也不覺燙手。放入鍋中的水或食品，則會因鍋底產生的傳導熱而被加熱。

IH 調理爐，是採鍋底直接加熱，因此熱效率非常高，食品也可以迅速完成加熱（圖2）。熱效率大致上 IH 調理爐是80~90%，電陶爐在50% 前後，瓦斯爐則是40% 左右。

IH 調理爐的加熱法是「誘導加熱」，利用微波爐的微波加熱法則稱爲「誘電加熱」，因此 IH 調理爐與微波爐

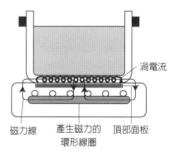

渦電流

磁力線　　產生磁力的　　頂部面板
　　　　　環形線圈

圖1 IH 調理爐的發熱原理
藉由電流通過產生磁力的環形線圈而產生磁力線。當磁力線通過鍋底時會產生渦電流，渦電流因鍋具對電力抵抗而產生熱量，結果就能造成鍋底的發熱。

的加熱結構雖然常被混爲一談，但實際上 IH 調理爐與微波爐的加熱方式
是完全不同的。

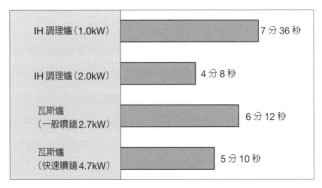

圖2 不同加熱機器使熱水煮沸的時間比較表

在直徑16公分的不鏽鋼鍋具中放入21℃的自來水1公升，測定至煮沸的時間。

作者測試

Q.17

使用 IH 調理爐，
必須注意哪些事項呢？

　　IH 調理爐是利用磁氣使鍋底發熱，以加熱食品的機器（請參照 Q16）。所以鍋底的材質、形狀或大小等無法配合時，熱效率就會變差或因而無法加熱。

　　材質是否能用於 IH 調理爐，取決於是否能接受磁氣作用（表1）。能接受磁氣作用的材質，例如鍋底是鐵、鐵琺瑯、鑄鐵、不鏽鋼等鍋具可以使用，但完全無法接受磁氣作用的玻璃或陶磁，基本上無法使用。不容易接收到磁氣作用的鍋底，像是：鋁合金、銅等材質的鍋子就不太適合 IH 調理爐。最近雖然出現了可使用於 IH 調理爐的鋁合金、銅等材質的鍋具，但相較於鐵製鍋具，熱效率明顯不佳。購買鍋具時，鍋底是否具有磁石來判斷最為簡便。鍋底有磁石者就是可以使用於 IH 調理爐的鍋子。

表1　材質適用以及不適用於 IH 調理爐的鍋具

鍋 具 的 材 質		適合・不適合	不 適 合 的 理 由
鐵　　　　鍋		○	
燒 烤 鐵 網		×	與 IH 調理爐面板的接觸部分太少
鑄 鐵 鍋		○	
鐵 琺 瑯 鍋		○	
鋁 合 金 鍋		△～×[*1]	幾乎無法接收磁氣的作用非常不易發熱
不 鏽 鋼 鍋	(18-0)[*2]	○	
	(18-8)[*2]	△～×[*1]	比較無法接收磁氣的作用不易發熱
	(18-10)[*2]	△～×[*1]	比較無法接收磁氣的作用不易發熱
多 層 鍋	夾鐵鍋	○	
	夾鋁、銅鍋	△～×[*1]	幾乎無法接收磁氣的作用非常不易發熱
銅　　　　鍋		△～×[*1]	幾乎無法接收磁氣的作用非常不易發熱
耐 熱 玻 璃 鍋		×	完全無法接收磁氣的作用不會發熱
陶磁器、砂鍋等		×	完全無法接收磁氣的作用不會發熱

＊1　會有火力變弱無法加熱的狀況。
＊2　所謂的不鏽鋼，指的是主要成分為鐵，而其中含有約12%以上的鉻成分之合金。也有些為補足鐵的缺點而添加鎳成分。（）內左邊的數值是含鉻的比例（%），右邊的數值為含鎳的比例（%）。

鍋底的平整也非常重要。像中華炒菜鍋般底部呈圓形的鍋具，或鍋底內側凹陷的鍋具，因與 IH 調理爐面板接觸的鍋底面積小，而發熱部分也會變小，所以並不適合 IH 調理爐（圖1）。因考量頂部面板下環形線圈大小的平衡，鍋底直徑約12~26cm 的鍋具加熱效率最好，在這個範圍內，只要鍋底是平整狀態，即使不是鍋子而是不鏽鋼製的缽盆或方型淺盤都能夠使用。

　　IH 調理爐因為不會出現火焰，因此在鍋具旁放置紙張也不用擔心會燃燒起來。但是若放置鋁箔紙 ... 等多少會接收磁器作用的物質時，或許會有燒融的狀況，必須多加留意。

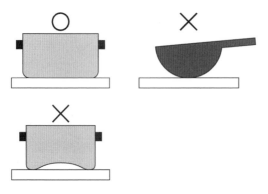

圖1　適合以及不適合 IH 調理爐的鍋底形狀

○：鍋底平整的鍋具，直徑12~26cm 的鍋具最適合。

✕：鍋底呈圓形或向內側凹陷的鍋底皆不適用。

Q.18

微波爐是如何使食品
加熱的呢？

　　微波爐是使食物吸收，由稱為磁控管（magnetron）的裝置所產生的微波，讓食品本身發熱以進行加熱的調理機器。

　　所謂的微波，指的是擁有從1mm至1m的電磁波（請參照Q3、圖1）。現在日本微波爐所使用的微波，是周波數2450兆赫（megahertz）的電磁波。所謂2450兆赫是指1秒鐘振動24億5千萬次的意思。幾乎所有食品的主成分都是水，當食物吸收了微波，食品中的水分子會在1秒間振動24億5千萬次。藉由這樣的振動，水分子之間相互摩擦而產生了摩擦熱。

　　微波爐之外的加熱方法，都是由熱源將熱量由外傳遞至食品當中，但微波爐的微波加熱，是使食品本身發熱，使食物的溫度迅速升高。但即使溫度升高，也只是利用了食品中的水分來發熱，所以溫度基本上只會升高到100℃。也因此微波爐加熱時，不會在表面形成烘烤色澤。

　　馬鈴薯等較小型的食品，過度微波加熱，表面雖然加熱到恰到好處，但有可能中央部分會因過度加熱而產生乾燥狀況。相反地，像高麗菜般大且圓的食品，整個加熱時，表面變得濕軟但中央部分卻仍尚未加熱。因食品的大小而會出現如此的差異，是因為微波能滲透至食品表面以下6~7cm左右的深度。所以幾乎可以滲透至所有的食品內部，不僅只有表面發熱，表面下6~7cm處也會同時發熱。在加熱像馬鈴薯這樣半徑約6~7cm的小型食材，由表面滲透的微波會集中於中央，因此相較於表面，由中央部分的發熱更多，溫度也因而升高。相反地，加熱整顆高麗菜般直徑大於6~7cm的大型食材，微波無法滲透至食品中央部分，所以只在距表面6~7cm發熱，而中央部分則無法發熱。

Q.19

微波爐為什麼
可以那麼迅速地加熱食品呢？

與其用瓦斯、電陶爐、IH 調理爐、烤箱等加熱法，都不及用微波爐來加熱可以更迅速地溫熱食品，這是因為微波直接被食品所吸收，而熱量幾乎都被作用在使食物溫度上升之故（請參考 Q18）。

例如，利用鍋具、使用瓦斯爐來燙煮時，熱源傳遞至鍋具，再傳遞至鍋內的水，最後才會到達食品表面，由表面將熱量傳遞至中央部分，以提高食品中央部分的溫度（圖1）。鍋具傳遞至食品表面是利用對流熱，由表面傳遞至中央是利用傳導熱。熱量是瓦斯時，瓦斯爐所產生的熱量之中，只有四成左右能傳遞至鍋中。這四成的熱量，大部分都用於升高鍋具和水的溫度，實際上用於提高食品溫度的熱量相當微少。也就是熱源將熱量傳遞至食品，除了耗費時間之外，傳遞至食品熱量也相當少，所以加熱時間就必須拉長。但反觀使用微波爐直接加熱食品，微波幾乎完全通過容器直接由食物所吸收，熱量幾乎都用於升高食品溫度，因此食品可以迅速地加熱。

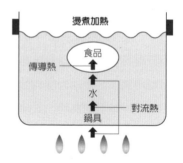

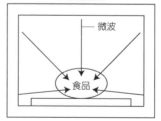

圖1　燙煮加熱和微波爐加熱的差異

Q.20

用微波爐加熱時
容器不會變熱是真的嗎？

　　正如 Q18 中所提到，微波是被食品所吸收。若是接觸到微波，但微波並未被吸收時，溫度就不會升高。依物質的種類，微波被吸收的方式也大不相同。如表 1 所示，微波容易被吸收的標準及數據可知，數值越大微波越容易被吸收，也意味著越容易加熱升溫。此外，數值越大的物質，也就是越容易吸收微波的物質，微波滲透至內部的距離也越短。

　　例如，空氣的數值為 0，所以微波不會被空氣所吸收地穿透過去。也就是在微波爐內，微波穿越空氣直接接觸到食品。磁器製的餐具或紙盤等數值也極小，因此幾乎不會吸收微波，所以溫度也不會升高變熱。

　　但是，也有很多人曾有過食品加熱後，餐具也變熱的經驗吧。這是因為變熱的食品以傳導熱的方式，將熱量傳至餐具上，並非來自微波的效果。證據從空餐盤微波後，也不會變熱即可得知。

表 1　依物質表列微波吸收之難易度

物　質　名　稱	吸收微波之難易度 *
空氣	0
鐵氟龍樹脂、石英、聚丙烯 (polypropylene)	0.0005~0.001
冰、聚乙烯（polyethylene）、磁器	0.001~0.005
紙、氯乙烯（vinyl chloride）、木材	0.1~0.5
油脂類、乾燥食品	0.2~0.5
麵包、米飯、披薩餅皮	0.5~5
馬鈴薯、豆類、豆渣	2~10
水	5~15
肉、魚、湯、肝醬	10~25
食鹽水	10~40
火腿、魚板	40前後

* 誘電損失係數

Q.21

**用微波爐解凍冷凍食品時，
為什麼部分變熱、部分仍結凍呢？**

　　冷凍食品等以微波爐解凍時，有些部分已經很熱了，但有些部分卻仍是結凍狀態，產生了加熱不均勻的現象。這是因爲水和冰對於微波吸收的難易度（請參照 Q20 表 1），相差千倍以上所致。冷凍食品冰溶化成水的部分，被微波吸收便得以升高溫度。結凍的部分幾乎不太吸收微波地直接穿透，因此維持著結凍的狀態。當冷凍食品以微波爐加熱時，由冷凍庫取出後直接加熱會比較好。否則，在稍加放置後，會成爲解凍成水的部分與未解凍的部分，加熱時就容易出現相當大的受熱不均。

　　此外，微波爐的解凍專用微波，微波出力瓦數的能量爲 100~200，設定上與一般加熱模式（微波出力瓦數爲 500~1000）小。只要微波能量不大，解凍成水的部分溫度就不會過高。此外，將需要解凍的時間拉長，此時溫度高的部分能利用傳導熱，將熱傳遞至低溫結冰處，冷凍食品也能夠較均勻地解凍。

可以用微波爐
僅加熱肉類的表面嗎？

　　在英國，好像也會使用微波爐來製作烤牛肉（Roasted Beef）。提到烤牛肉，想到的就是牛肉表面完全烘烤至全熟，但中央部分仍是鮮嫩未全熟的著名料理。用微波爐直接加熱肉類時，會由肉類的中央部分開始升高溫度，很難完成像是烤牛肉般的特色。但是若在肉類表面揉搓上較多的鹽，就可以防止內部中央溫度的升高，使得肉類只有表面溫度升高。

　　肉類的表面揉搓鹽時，附近的肉汁會因而滲流出來，使得肉類成為被高濃度鹽水所覆蓋的狀態。鹽水很容易吸收微波（請參照Q20表1），所以肉類表面的溫度會因而急遽上升。微波在表面就被吸收，則無法深入滲透至中央內部，因此與烤箱加熱相同，中央部分是因表面的傳導熱而緩緩升高溫度。鹽水的濃度越高，越容易吸收微波，因此在肉類表面多揉搓鹽份，就能讓肉類表面完全熟透，而中央呈現鮮嫩未全熟的狀態，製作出半熟狀的烤牛肉。只是使用微波爐，就無法像烤箱烹調出的烤牛肉般，呈現表面的烘烤色澤。

　　將醬油或味噌等鹽分較濃的調味料，刷塗在肉類表面，加熱時的狀況與揉搓上鹽相同。只要在肉類表面刷塗含有鹽分的調味料，就能利用微波爐製作烹調出半熟的軟嫩肉類料理了。

Q.23

為什麼用微波爐加熱的米飯
會變得非常堅硬呢？

　　微波爐加熱，是以食品中所含的水分直接發熱，因此水分蒸發後會有容易乾燥的特徵。用微波爐加熱米飯時，會立刻變硬的原因之一，就是因大量水分蒸發而造成的乾燥。再加上米飯中的澱粉粒子因微波而有部分會被破壞，也是其中原因。

　　米飯當中，同時混合存在著吸收水分後完全 α 化（成爲糊狀），而膨脹的澱粉粒子，與沒有完全 α 化，不太膨脹的澱粉粒子。接觸到微波時，部分膨脹的澱粉粒子破裂而流出澱粉（圖1）。此時流出的澱粉產生糊化般的作用，與沒有膨脹的澱粉粒子相黏合。在此種狀態下變得乾燥時，會比原狀態更爲乾硬。就像是水泥要凝固時拌入其中的砂粒般，更增加其強度，用微波加熱米飯，應該就像是這樣的狀態。

　　此種澱粉硬化現象，不僅限於米飯，可以確定麵包等其他澱粉性的食品都有此共通狀態。只是同爲澱粉性食品，薯類微波時，有像甘薯般變硬的種類，也會有像馬鈴薯或山藥般不太變硬的類型。依種類不同，微波加熱所影響而呈現的方式也不同，應該是澱粉粒子的性質，因薯的種類而相異之故。

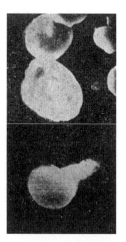

圖1　因微波加熱而造成澱粉粒子的破壞
（掃描式電子顯微鏡、1000 倍）

上：以蒸煮方法再加熱的米飯，其澱粉粒子未被破壞。
下：以微波爐再加熱的米飯，其澱粉粒子中溶出了澱粉。
肥後溫子等、家政學雜誌、32,185-191(1981)

微波爐真的不能使用
鋁箔紙嗎？

利用微波爐加熱，若使用了鋁箔紙則會產生啪啪的火花，或是鋁箔紙發熱融化等狀況，因此大家都說微波爐不能使用鋁箔紙。另一方面，微波具有接觸到金屬時會反射，而不會侵入金屬內側之特性，也有些像是「製作茶碗蒸時，避免產生蜂巢狀態地覆蓋上鋁箔紙」；或是「溫熱烤魚時，在魚肉較少的魚尾部分覆蓋上鋁箔紙，可以避免乾燥」...這樣的活用法。以結論來看，使用微波爐時也並非絕不能使用鋁箔紙，只是必須注意使用方法。

微波，具有集中於金屬突出處的特性。使用鋁箔紙，一旦有突出部分，微波就會聚集並蓄電，電壓變高時就會在微波爐內引起火花放電（spark），所以火花會在微波爐內四散。此時鋁箔紙表面通過電流，電力抵抗較大之處會發熱並且融化。因此，繪有金、銀圖案的器皿放入微波加熱時，會產生火花飛散焦黑，也是相同的現象。

因此，使用鋁箔紙時，必須要避免有尖銳突起之處。只要表面捲皺起來就會形成金屬尖銳突起，覆蓋於表面的鋁箔紙邊緣，部分反折的狀態，也算是突起。

另一個必須注意的是，必須避免鋁箔紙與微波爐內的側壁面接觸。一旦鋁箔紙與內側壁面金屬接觸時，也很容易產生火花放電的狀況。一旦引發火花放電，產生微波的磁控管會因而受損，進而縮短微波爐的壽命。即使沒有引起火花放電，只要因鋁箔紙反射的微波接觸到磁控管，也會成為微波爐故障的原因。

覆蓋在茶碗蒸容器表面，
可以避免蒸蛋產生孔洞

覆蓋在烤魚尾時，可以防止乾燥

使用微波爐時，有效使用鋁箔紙的方法

為什麼用石窯烘烤的披薩
會比較好吃？

一般的烤箱，烤箱內的溫度只能達到350℃。但石窯的窯內溫度可以保持高達450~500℃的高溫。石窯保持如此高溫，在於所使用的磚塊是不易傳熱的材質，所以具有高度的斷熱效果，使窯內的溫度無法向外釋出。一般的烤箱若能在斷熱方面加以改進，理論上也是能夠與石窯同樣維持高溫狀態。

無論使用的是石窯或烤箱，想要保持箱內或窯內高溫狀態，問題就在於進出熱量的平衡。即使進入的熱量很大，但若散出的熱量也很大時，就無法維持住高溫。相反地，進入的熱量即使不大，但散出的熱量也很小時，也是照樣可以維持高溫。實際上，因為設備所能投入的熱量有限，因此減少散出熱量才是現實可行。觸摸烤箱外側，可以感覺到熱度，這就是烤箱內熱量向外散出的證明。像這樣的烤箱設備，只要能斷熱、防止熱量的散出，也能夠將烤箱溫度提高至超過可設定的最高溫度。

石窯所使用的磚塊因熱傳導率低，是不容易傳熱的材質。此外也因其厚度，具有窯內熱量不易由窯壁散出的特徵。在有限的斷熱材料之中，具有厚度的磚塊可謂是斷熱效果最佳的材料。此外，若是窯內溫度維持高溫時，材料也必須具備耐熱性，磚塊經高溫加熱也不會變形，能耐攝氏千度以上之高溫。石窯在放入食品的入口部分沒有門，雖然冷空氣會由此進入，但具厚度的磚塊蓄熱力強大，因此即使有冷空氣也不會使窯內溫度降低，而能維持住高溫。

第二章 鍋具與熱的關係

熱傳導佳的鍋具與熱傳導差的鍋具，
不同點為何？

熱傳導佳的鍋具，可以想成是兼備 ①迅速將熱量傳遞至食品、 ②能使食品均勻接收熱量，這兩大要素。

①所謂的「迅速將熱量傳遞至食品」，指的是由熱源產生的熱量能儘速地傳遞至鍋中的食品。以煮沸熱水為例，就是單純地儘速將鍋中水的溫度升高即可。這時就取決於鍋具材質的熱傳導率（熱傳遞之速度、圖1）。鍋具材質有鋁合金、鐵、不鏽鋼、銅、耐熱玻璃、陶器和石器…等。這其中容易傳遞熱的材質，正如圖1所示，熱傳導率大的金屬，像是銅或鋁合金…等。相反地，耐熱玻璃、陶器和不鏽鋼，可以說是不易傳遞熱量的材質。也就是若想要迅速煮沸熱水，使用鋁鍋或銅鍋即可。但即使是熱傳導率大的鍋具，鍋具的厚度若是越厚，為了提升鍋具本身的溫度而會消耗掉

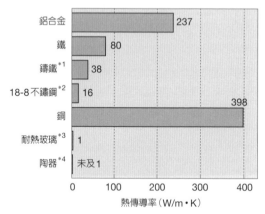

圖1 不同材質的熱傳導率

＊1　為提升鐵的強度，而混入2.0%以上的含碳量。

＊2　所謂的不鏽鋼，是具耐蝕性優異合金鋼的總稱。多半是混合了鐵含鉻、或鐵含鎳的成品。「18-8」是表示含有鉻18%與鎳8%的意思，這也是最具代表性的不鏽鋼。

＊3　具代表性的有百麗（PYREX）耐熱玻璃。

＊4　具代表性的就是砂鍋。

部分熱量，相對地傳遞至食品的熱量就會隨之減少。想要迅速地將熱量傳遞至鍋內食品時，使用較薄的鍋具也是重點之一。

爲了達到②「使食品均勻接收熱量」，鍋具的溫度就必須呈現均勻狀態。鍋底的溫度是否均勻，最大的影響是來自鍋具的厚度。鍋底所產生的溫度不均，會隨著鍋子越厚而越不明顯。

理由是因爲鍋底越厚，由瓦斯的火焰或電力加熱器等熱源接受到的熱量，自鍋底外面向鍋底內面垂直方向的傳遞時間越長，而此時間熱量也會呈水平方向散開，以縮減鍋具高溫與低溫部分的溫差，將熱量傳遞至底部內側。也就是使用平底鍋或鍋子時，鍋具越厚鍋內食品越能均勻地受熱。舉例來說，試著用薄鐵製平底鍋和燒烤肉類用的厚重鐵板來烘烤肉類。用薄鐵平底鍋時，爲使肉類表面均勻呈現烘烤色澤，因此必須頻繁地翻動平底鍋，變化接觸到火焰的鍋底位置，及肉類放置的位置來烘烤。相對於此，烤肉用厚鐵板，即使沒有翻動鐵板和肉片，也幾乎能烘烤出均勻的烤色。

厚銅鍋被高度評價爲「確實加熱食品，並且不會有受熱不均」的原因，就在於銅質的熱傳導率較大，而且具有能均勻傳遞熱量的厚鍋底，同時具備兩大要素。

Q.27
容易冷卻與不易冷卻的鍋具，
差別在哪？

　　相同形狀的鍋具，以同樣的火候加熱，有的鍋子加熱很慢但離火後卻不易冷卻，也有鍋子雖然能立即加熱但離火後很快就冷卻。因鍋具不同，加熱時溫度的上升方法，或加熱後溫度下降的方式也有極大的差異。這是由於鍋具的材質和重量所決定的熱容量，也就是蓄熱力，會因鍋具不同而有所差別。

　　鍋子離火後，室內溫度低於鍋子溫度時，熱量會因而被奪走。沒有蓄熱能力、熱容量小的鍋具，鍋子的溫度會立即降低，繼而鍋內食品溫度也會隨之降低；熱容量大的鍋子，因鍋內能蓄存較多的熱量，即使離火後，鍋內也仍會咕嚕咕嚕地持續沸騰。鍋子的溫度不易下降，因此鍋中的食品也不易冷卻，這也就是保溫性。但反向逆推，具保溫性的鍋子，要將熱量傳遞至食物前，必須要先儲蓄鍋子本身的熱量，因此升高鍋子的溫度需要一些時間，食品也不容易快速加熱。

　　想要知道是否具有保溫性，可以試著煮沸熱水。煮至沸騰需要較長時間的鍋子，可以說是具有保溫性的鍋子。更簡單的方法是用鍋子的重量作為判斷標準。具保溫性的鍋子往往是較重的鍋子。例如比較同樣大小的鐵鍋與鋁鍋，鐵鍋就遠重於鋁鍋，也更具有保溫性。此外，即使是相同材質的鍋子，越厚的鍋子越重，保溫性也越高。

Q.28
圓形鍋底與平底鍋的傳熱方式
不同嗎？

　　以瓦斯或是電力做為熱源加熱時，一旦鍋底的形狀有所改變，傳遞至鍋子的熱量或鍋底及鍋側的溫度差也會因而有異，因此對食品的熱量傳遞方式也大不相同。

　　熱源為瓦斯爐且利用圓底鍋具時，火焰和高溫空氣會沿著圓形鍋底環繞於其中，因此鍋底和側面的溫差較小。但使用平底鍋時，基本上鍋底接觸到的部分會升至高溫，而側面則是由高溫空氣環繞其中使其加熱，因此底部的溫度高於側面相當多。也就是底部和側面會產生相當大的溫差。火力較弱時，或是鍋子直接大於瓦斯爐出口火的直徑時，底部和側面的溫差會更大。傳遞提供至鍋子的熱量，用於圓底鍋時，底部和側面兩邊同時，也就是熱量是用於升高鍋子全體；但平底鍋基本上熱量只用於升高鍋子的底部，平底鍋的底部溫度會較高於圓底鍋。

　　熱源若是來自於電陶爐或 IH 調理爐時，只有接觸到的鍋底會被加熱。圓底鍋則因與接觸熱源面積太小，所以熱源傳遞至鍋子的熱量也極小。使用平底鍋時，因鍋底平整，接觸熱源面積較大，所以熱源傳遞至鍋子的熱量較圓底鍋大。順道一提，鍋子側面的溫度上升，則是由於鍋底傳遞熱量或由加溫後的食品所傳遞的熱量所致。

　　圓底鍋和平底鍋的形狀或受熱方式不同，於食品的熱量傳遞方式會有何種影響，也會因料理種類不同而有異。燉煮、熬煮或鍋類料理 ... 等，在湯汁中燉煮材料時，圓底鍋可以用較

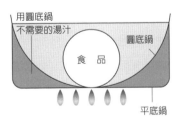

圖1　湯汁的高度相同時，平底鍋與圓底鍋的狀態

以相同高度的湯汁來看，平底鍋需要較多的湯汁。

少的湯汁覆蓋全體材料（圖1），並且鍋子側面也能將熱量傳遞至材料中，可以均勻受熱、味道較能滲入材料當中。

另外，拌炒時，像中式炒鍋般鍋底呈圓形，可以振動鍋子使食材沿著鍋子的圓弧迅速地翻轉拌炒。也就是食材能夠在短時間內均勻地受熱加溫。即使不振動甩鍋，只採用鍋杓等拌炒，圓底鍋邊的弧度也能促進食材的翻動，使其能迅速地混拌。

另一方面，食材厚度較薄能迅速傳熱的香煎料理 ... 等，使用鍋底溫度較高的平底鍋，更能迅速均勻地完成料理。煮魚等想避免完成時形狀崩壞的料理，能平坦將材料放入的平底鍋會比較適合。

圓底鍋前後振動時，材料會沿著鍋邊弧度
轉動方便拌炒。

Q.29

鐵氟龍等表面加工的鍋具
為什麼會不易沾黏呢？

　　鐵、不鏽鋼、鋁合金等金屬表面，覆蓋著肉眼所無法看見，稱為"吸著水"（hygroscopic water）的薄薄水膜。因為有"吸著水"，因此金屬具有水分容易滲入的性質（親水性）。用金屬製鍋具加熱食材時，容易沾黏在鍋邊，就是因為有"吸著水"所造成。相對於此，在表面以鐵氟龍、矽膠樹脂和陶磁等加工過的鍋具，因加工材質上幾乎沒有"吸著水"，因此食品不易沾黏。

　　幾乎所有的食材主要成分都是水。在鍋中放置食材時，食品中的水分與鍋子的"吸著水"接觸後，會透過"吸著水"使食品中水溶性成分，與鍋具的金屬直接接觸。最容易沾黏在鍋內的食材代表，例如像是雞蛋、肉類和魚…等蛋白質食品。因蛋白質中有部分是水溶性的，水溶性蛋白質溶於"吸著水"的狀態下加熱時，蛋白質會因熱而凝固。也就是溶化於"吸著水"中的蛋白質，具有使食材與金屬緊密貼合，就像是糨糊般的作用，因此蛋白質食品容易沾黏在鍋內。具有像糨糊般作用的不僅只有蛋白質，澱粉、糖…等碳水化合物也是如此。幾乎所有的食材都含有蛋白質或碳水化合物，所以金屬製鍋具大都容易沾鍋。

　　即使是相同金屬製鍋具，鍋子完全乾燥、熱油後再放入食材就不太會沾黏。這是因為放入的油脂覆蓋在金屬表面形成覆膜，食材沒有直接觸及金屬之故。加入了油脂但仍會沾黏時，表示金屬表面的"吸著水"並沒有完全被除去所致。"吸著水"與普通的水不同，在金屬表面是以稱為氫鍵（hydrogen bonds）之化學結合所形成的，因此即使鍋內表面溫度達100℃也不會被蒸發，要升高至超過250℃時才會蒸發。中式料理的師傅會在炒鍋熱鍋至冒煙後才放入油脂，這就是為了使"吸著水"完全蒸發，並在鍋內表面製作油膜。

表面加工的鍋具，會在金屬表面包覆上樹脂或陶瓷，避免金屬與食材直接接觸。樹脂或陶瓷幾乎沒有"吸著水"存在，因此也不會有沾黏的情況。只是這些加工材料形成約20~60μm微米（1μm是千分之一mm）的極薄覆膜，使用後常會有剝落的狀況。剝落後露出的金屬與食材接觸時，一樣會使食材沾黏在鍋內。使用表面加工的鍋具，為了不損及覆膜，應避免用金屬製鏟杓翻拌，並避免使用金屬刷清洗鍋具。

Q.30

鐵氟龍等表面加工的鍋具，
傳熱效果會變差嗎？

　　有著不會燒焦、不使用油脂也不會沾鍋...等優點，表面加工鐵氟龍或陶瓷的平底鍋因而普及。使用於表面加工的材質，主要是具耐熱性的鐵氟龍、矽膠樹脂、陶瓷...等，以此加工包覆在鋁合金、鐵或不鏽鋼等金屬製成的平底鍋表面。

　　平底鍋是否易於傳熱，嚴格來說表面有無加工應該有些微的差異，相較於未加工的平底鍋，加工過的鍋底溫度上升略遲。這是因為樹脂、陶瓷的熱傳導率非常低，具有不容易傳遞熱量的特性。話雖如此，例如在平底鍋表面施以樹脂膜加工，其厚度 20~60μm 微米（1μm 是千分之一 mm）非常薄的薄膜，因此實際上是否因加工而影響到溫度的上升，幾乎無法感覺到。表面加工過的鍋具其熱量傳遞方式，基本上可以視為鍋子整體金屬性質的受熱（請參照 Q26）。

　　進行炒青菜或炒飯等大火快炒的料理時，使用表面加工過的平底鍋，經常會感覺成品與期待有些落差。與其說是表面加工造成，不如說是擔心表面材質的耐熱溫度較低，而在食品入鍋之前，平底鍋的溫度不夠高所造成的影響。鐵氟龍或矽膠樹脂連續使用時所能承受的溫度為 250~260℃。中式料理的師傅在熱炒青菜或炒飯前，常會空燒炒鍋至冒煙，而此時鍋內的溫度已超過 300℃。樹脂加工過的平底鍋若是在如此高溫下使用，一次就會讓樹脂剝落而所有加工付諸流水。非得用大火短時間快炒的熱炒或燒烤，不適合使用表面加工的平底鍋。但除此之外的料理烹調，傳熱效果應該沒有太大影響。

Q.31

一般認為銅鍋受熱溫和、溫度容易均勻，保溫性較佳，這是為什麼呢？

　　相對於一般對銅鍋都認為是「受熱溫和、溫度容易均勻，保溫性較佳」，再進一步具體解釋，就是 ①能夠緩緩地將熱傳遞至食材、 ②鍋子受熱平均，能均勻地將熱量傳遞至食品、 ③離火後食材的溫度也不易降低。這些主要是來自於銅的金屬特性。

　　「能夠緩緩地將熱傳遞至食品」是因為銅的密度（1cm³的重量）較大之故。密度較大的材質所製作的鍋具較重。越重其熱容量（蓄存熱量之能力）越大。熱容量大的銅鍋，即使瓦斯火焰前端的溫度達 1500~1800℃高溫，火焰所傳遞出的熱量也不會直接傳遞至食材，會先蓄存在鍋子，再由鍋子傳遞至食材。也就是銅鍋介於火焰與食材之間，具有作為緩衝之用，所以食材可以穩定徐緩地接收到熱量。

　　「鍋子受熱平均，能均勻地將熱量傳遞至食材」，是因為銅是非常容易傳熱的物質。標示出是否易於傳熱的數據就是熱傳導率，熱傳導率最大的就是銅（請參照 Q26、圖1）。熱傳導率越大，熱量自接觸火焰高溫部分傳遞至未接觸火焰溫度低的部分就越快，也意味著鍋子受熱平均，能均勻地將熱量傳遞至食材。

　　「離火後食材的溫度也不易降低」，這也是因銅鍋的熱容量較大之故。離火後，銅鍋因蓄存著熱量所以能維持其溫度，食材的溫度也不易降低。如上述般銅質的特徵，會因鍋子的厚度變化而更加明顯。平底鍋等相對較薄的鍋具，熱容量較小，就得下點工夫使其呈現容易傳熱的特性。因此，增強火力、使其能迅速且更均勻地傳熱，所以用於烹調法式奶油香煎魚（meunière）等料理時，表面蛋白質立即因受熱而凝固，可以防止魚肉美味成分的流失，也能烹調出均勻的金黃色。銅鍋因鍋壁較厚，因此下點工夫

更加大其熱容量。爲使鍋底以及鍋底與側面的溫差能更加縮小，以小火長時間燉煮奶油燉菜等料理時，就能均勻緩慢地加熱。鍋壁越厚，鍋底越不容易燒焦，熄火後食材也不易冷卻。

用砂鍋烹煮米飯
更美味的理由為何？

「最初是徐徐小火苗、中央是熊熊大火、唧唧水收乾時要減柴、最後像嬰孩哭聲時也還不能揭蓋」

這是過去口耳相傳的米飯煮法，用以表現煮飯時的火候。但由此可知，要烹煮出美味的白米飯，最重要的是火候。

煮飯過程中最理想的溫度，經過長年不斷的研究，可以得到如圖1的結果。圖中標示的是從溫度上升開始至燜蒸為止，各個階段的時間及溫度，深刻地左右著烹煮完成的米飯美味與否，此論點由本實驗即可證明。讓我們來看看各階段米飯的變化。

圖1　美味米飯炊煮的過程

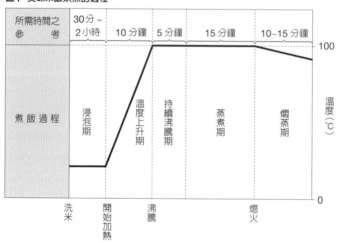

①浸泡期（吸水時間）

所謂的浸泡期，就是為使米澱粉在加熱過程中得以完全 α 化，事先使米粒吸收水分的過程。水分慢慢滲入米粒內部，浸泡約30分 ~2小時後，重量

會增加1.2~1.3倍。水溫越高吸水速度越快。但是若在室溫下放置浸泡2~3小時以上，澱粉會因而溶出，煮出的米飯會過黏。

② 溫度上升期

所謂的溫度上升期，指的是從開始加熱至沸騰的過程，使水分能完全滲透至米粒中心的時間。這個過程約10分鐘左右是最佳狀態，時間過短則水分尚未進入米粒中心，煮出的米飯會留有米芯。反之時間過長，米表面的澱粉會因過度吸收水分而膨脹，烹煮的米飯會過於軟黏。

這個過程中，米粒本身所含的澱粉分解酵素（α澱粉酶）的作用，也會分解部分澱粉使其變成糖類（還原糖）。這種酵素在40~60℃時旺盛地分解出糖類，所以由此可以知道要煮出香甜米飯，其過程是非常重要的（圖2）。

③ 持續沸騰期與蒸煮期

持續沸騰期與蒸煮期，是在98~100℃的溫度下，使澱粉完全α化，使米粒變軟的過程。這個溫度合計約加熱20分鐘最為理想。實驗證明當溫度過低或時間過短時，煮出的米飯會太硬或無法完全膨脹。
進入沸騰時期約5分鐘左右，米粒會在未被吸收而殘留的水中翻動。這個水分中含有米粒內溶出的澱粉，所以會是濃濁與黏稠的，隨著米粒的水分吸收，這些黏稠會環繞在米飯表面，就形成了米飯的黏性。

隨著水分的吸收至水分完全收乾時（蒸煮期），下方會開始有劇烈的水蒸氣噴出，這樣的噴出會使得米飯直立起來。常言「煮出的美味米飯，飯粒都是直立的」，應該就是指這個時期完全蒸煮米飯的意思吧。

④ 燜蒸期

所謂燜蒸，在熄火後，不掀鍋蓋地保持燜蒸10~15分鐘。這期間的重點就是保持溫度在90℃以上。熄火時，飯粒周圍尚有水分殘留，還是含水沾黏的狀態，但這個燜蒸期可以使水分完全被飯粒所吸收，飯粒也會

膨脹起來。從持續沸騰期開始至蒸煮期之間，雖然是在90~100℃的高溫，但這期間耐熱的酵素仍可分解出糖類，更能增加米飯的香甜（圖2）。

●用砂鍋可以煮出美味米飯的理由

常說「用砂鍋可以煮出美味的米飯」，是因為砂鍋在①至④一連串煮飯過程中，③的持續沸騰期和蒸煮期時，砂鍋約可使鍋中攝氏近百度的溫度維持20分鐘以上。砂鍋的特徵在於其蓄熱能力（熱容量）較其他鍋具更大。即使離火後，中央仍可維持咕嚕咕嚕的聲音，這就是其熱容量較大的證明。熱容量較小的鍋具，若是要將近百的溫度維持20分鐘以上，光只是火候的調整也無法做到。這是因

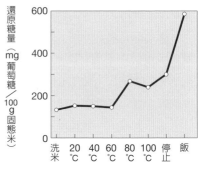

→煮飯過程

圖2　煮飯過程中還原糖量的變化

40~60℃左右至80~90℃附近，因酵素分解作用使得米飯的含糖量增加。
丸山悅子、日本家政學會誌，53,431-436（2002）

為利用大火煮飯，鍋底的米飯會因而燒焦，若是維持不會燒焦的火候，就無法維持鍋子上部的高溫。由鍋底至鍋子上端，要能保持整體均勻的溫度，若非熱容量大的鍋具，實屬困難。這個部分，砂鍋只要鍋子整體溫度升高達到攝氏近百度，之後溫度也不會降下來。另外，砂鍋也是不易傳熱的材質，因此火焰直接接觸的鍋底溫度也不會比鍋子側面高出太多。

鑄鐵鍋與砂鍋同樣是沈重的鍋具，因而可以想像其熱容量之大，應該也可以期待其炊煮出同樣的米飯。

●用砂鍋煮飯時的注意重點

也並不是只要使用砂鍋就一定能煮出美味的米飯。砂鍋的大小遠大於使用火力、或是炊煮飯量與砂鍋無法配合，②溫度上升期的時間過長或過短時，即使後面的溫度與時間都是理想狀態，也有可能煮不出美味的米飯。

Q.33

用砂鍋煮和用電鍋煮的飯，
有什麼不同呢？

　　用砂鍋煮飯會比較美味的理由，如 Q32 所提及是因為砂鍋的蓄熱力（熱容量）非常大，所以在煮飯過程中的持續沸騰期、蒸煮期以至於熄火後的燜蒸期，都能將溫度維持在高溫狀態，而藉由酵素的作用增加糖類，炊煮出香甜的米飯。只是砂鍋的大小與炊煮的飯量，以及火力之間無法取得平衡時，反而會因熱容量過大而造成米飯過於軟黏等減分的效果。

　　另一方面，電子鍋的特徵，火力是由電子按鍵來控制，基本上都已經調節至最理想的炊煮溫度和時間。所以任何人都能煮出某個程度可口的米飯。依照研究結果，已經知道若能在溫度上升期長時間維持在 60℃ 左右，那麼即使事前無法充分浸泡於水中的米粒，也可以利用酵素作用來增加米飯中的糖類。若是以電子按鍵來控制，那麼就能在溫度上升期緩慢地將溫度升高至 60℃，並且維持在 60℃ 的溫度。像這樣熱效率高、煮飯溫度也能急遽上升，並以 IH 為熱源的電子鍋當中，可以實際進行此控溫的產品也很多。

　　但電子鍋也有不足之處，因內鍋的熱容量小，在蒸煮期後半至燜蒸期間，無法像砂鍋般持續維持住攝氏近百度的高溫。內鍋內含水時，即使熱容量不大，也能利用水的對流而將熱量傳遞至上方的米飯內，一旦到了水分消失而以水蒸氣傳熱的時候，就有其困難了。如果為了大量產生水蒸氣而用強大火力，鍋底的米飯會因而煮焦。熱源僅只來自內鍋底部，蒸煮期後半至燜蒸期，想要維持內鍋上方的高溫，就必須要有熱容量較大的內鍋。否則糖類增加量會減少，也不容易煮出膨鬆美味的米飯。

Q.34

用微波爐
可以煮飯嗎？

所謂「煮飯」，指的是將米所含的澱粉 α 化，使其容易消化吸收。米澱粉，是與水一起加熱至78℃以上時，就會產生 α 化。單就這層意思來看，即使是微波加熱也可以使米澱粉 α 化。

要煮出好吃的米飯，正如 Q32 所敘述，必須在各個炊煮過程中都達到理想的溫度及時間。而使用微波爐加熱，炊煮米飯溫度是直線上升，因此無法將各階段理想的溫度及時間加以區隔，也因此很難煮出像電鍋或電子鍋炊煮般的美味米飯。

使用微波爐的優點，在於即使少量也能炊煮，並且能迅速完成。實際上，現在市售微波爐專用炊飯器，就是強調0.5杯（1人分）的米，約10分鐘左右就能炊煮完成。用微波爐來炊煮米飯時，重點在於必須先將米粒浸泡於水中使其確實吸附水分，加熱後再燜蒸10~15分鐘左右。用微波爐炊煮時因時間較短，因此加熱中米粒沒有太多時間能吸收水分，若加熱前沒有吸收足夠的水分，那麼炊煮出的米飯就會留有米芯。此外，剛完成炊煮，因表面仍留有殘餘的水分，所以拉長燜蒸的時間，也可以讓水分滲入米飯當中。

Q.35

也可以用砂鍋
製作熱炒料理嗎？

　　所謂「熱炒」，是在鍋中放入油脂，用大火以短時間加熱食材。中式料理中的熱炒料理，是用大火空燒鍋子至300℃以上的高溫後，一次加入所有材料拌炒。以結論來看，像這樣大火快炒不適用砂鍋。但若是以小火至中火拌炒，砂鍋仍可以使用。

　　不僅限於金屬製鍋具，所有的鍋子在加熱後都會產生熱膨脹。所謂熱膨脹，就是隨著溫度的升高，體積隨之增加的現象。金屬製鍋具，厚度越薄越容易傳熱，所以即使用大火加熱，鍋子整體也會很迅速地傳熱，雖然會因鍋子的位置不同，而溫度也會略有差異，但並不是太大的不同。但砂鍋非常不易傳熱，相較於金屬鍋具其鍋壁更厚。因此一旦大火加熱時，鍋底附近的溫度升高，但側面的溫度卻仍低，或是即使同為鍋底，直接接觸到火焰處的外側溫度升高，而內側卻仍是低溫狀態，會因位置而產生很大的溫差。溫度不同時，理所當然熱膨脹的大小也會因而不同，導致產生裂紋。或是釉藥與砂鍋材質的熱膨脹率不同，而使得釉藥因而剝落。因此在加熱砂鍋時，最初以小火加熱，漸漸轉為火中，再變成大火，必須緩慢地升高砂鍋整體的溫度。這就是砂鍋不適用於大火快炒的原因。

　　但是，先以小火拌炒，而後加入足夠的水分，燉煮的料理適用於砂鍋。像是奶油或紅蘿蔔等使用大火很容易燒焦的食材，即使是利用金屬鍋具也必須以小火的火候來加熱。這種時候鍋子的溫度不會急遽升高，所以也可以使用砂鍋。利用奶油拌炒後燉煮的料理，或是拌炒紅蘿蔔之後燉煮的料理，使用砂鍋來燉煮，可以藉由緩慢傳熱的過程，使料理更加美味。

Q.36
燉煮料理用鑄鐵琺瑯鍋成品會比較美味，
為什麼？

　　將融化金屬注入模型中，製作而成的鑄鐵鍋，於內外覆上玻璃材質的粉末燒製而成，就是鑄鐵琺瑯鍋。本體的金屬當中使用了較多的鐵質。

　　用於煮物，特別是會使用在含有酸、鹽分 ... 等各種成分調味料或材料時。若使用金屬外露的鍋子燉煮，這些調味料或材料的成分會使得金屬產生化學反應，造成鍋子變質或金屬材質溶出，影響燉煮料理的風味或是顏色。鑄鐵琺瑯鍋因表面具有玻璃材質，因此酸、鹼、鹽分等幾乎不會產生反應，添加調味料後長時間的燉煮也不會變質。但雖說如此，耐熱玻璃鍋等傳熱程度（熱傳導率）極小，約為鐵質的八十分之一，因此不容易將熱量傳至食材當中，容易燒焦是其缺點。這個部分鑄鐵琺瑯鍋本身就是金屬，因此容易傳熱，溫差低也不容易燒焦（圖1）。這代表鑄鐵琺瑯鍋，同時具有耐熱玻璃鍋和金屬鍋的優點。

　　此外，相同大小的鑄鐵琺瑯鍋，越重的鍋子本體金屬鍋壁越厚，蓄熱能力（熱容量）也越大，受熱溫和適合用於燉煮料理。

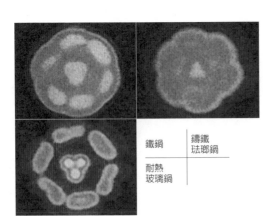

鐵鍋　　鑄鐵
　　　　琺瑯鍋

耐熱
玻璃鍋

圖1　鐵鍋、鑄鐵琺瑯鍋、耐熱玻璃鍋的鍋底溫度

照片中顯示出較白的部分即是高溫之處。耐熱玻璃鍋底，只有直接接觸火焰處溫度較高，溫差很大。相較於此，鑄鐵琺瑯鍋的底部溫差較小，並且受熱均勻。鐵鍋的底部溫差則介於兩者之間。

肥後溫子等，日本調理科學會誌，34,276-287（2001）

Q.37

多層構造的鍋具
是什麼樣的製品呢？

　　所謂多層構造的鍋具，是指具有複數材質重疊搭配結構的鍋子，像這樣結構的鍋子，也被稱為「重層鍋」、「多層鍋」、「金屬包層鍋 clad」。

　　鍋具的材質各式各樣，但其中不鏽鋼製成的鍋具，不會對酸鹼產生反應，又不容易生鏽也容易清洗，最受好評。但另一方面，相較於其他金屬，不鏽鋼鍋的缺點是傳熱非常差，因此容易燒焦，密度（相當於1cm³的重量）大所以沈重。因此，為補救其傳熱差的缺點，將傳熱佳的金屬與不鏽鋼重疊製作，就是多層構造的鍋具。

　　多層構造的鍋具，也有各式各樣的種類，無論哪一種其沈重的手感就是最大的特徵。市售的多層鍋具，可以大致分成兩種（圖1）。一是整體都是多層構造的鍋具，用不鏽鋼將鋁合金、碳鋼、銅等材質如三明治般包夾合成。這樣結構的鍋具，特徵在於溫差變小受熱均勻。另一類是僅只在鍋底有多層構造，在鍋底貼合了傳熱較佳的鋁合金或銅。這種結構的鍋具，鍋底的溫差較小，所以使用於像電陶爐或 IH 調理爐般，僅在鍋底傳熱的加熱機器時，是有其效果的。但若是用於瓦斯爐般，連同鍋子側面都會直接受熱的加熱機器時，鍋子的側面就容易燒焦。多層構造的鍋具，最好是能配合加熱機器來進行挑選。

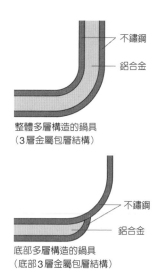

不鏽鋼
鋁合金

整體多層構造的鍋具
（3層金屬包層結構）

不鏽鋼
鋁合金

底部多層構造的鍋具
（底部3層金屬包層結構）

圖1 多層構造的鍋具

Q.38
打出鍋的「打出」
是什麼意思呢？

所謂的打出鍋，就是以「打出」的技法用槌子敲打金屬板，整型製作而成的鍋具。因打出而形成的凹凸就被稱爲「槌打痕跡」或「槌目」。

金屬即使組合成分相同，但具有因敲叩、槌打等施以物理性壓力後，會變硬的特性。也就是藉由「打出」，以增加鍋具的強度。此外，即使是相同形狀的鍋具，打出鍋也會因表面凹凸的部分而增加其表面積。無論是瓦斯爐火焰的對流熱，或是來自碳火的輻射熱，以表面積比例而言，鍋子傳遞的熱量更大，理論上是因槌打痕跡的凹凸而增加的表面積，使得熱量得以進入。接收的熱量越多也就會越快完成加熱。但使用像 IH 調理爐或電陶爐般，僅只在鍋底加熱的機器時，就不太能期待槌打痕跡的效果了。另外，即使是瓦斯爐，當用小火加熱時，鍋子側面沒有太多熱空氣，槌打痕跡的效果也就不太明顯。

打出鍋的表面凹凸部分可以增加表面積。也藉由槌打以增加其強度。

Q.39

製作打出鍋，
「手製」比較好嗎？

所謂的打出鍋，就如同 Q38 所述，是用槌子敲打金屬板整形，以「打出」技法製成的鍋具。

即使金屬是相同原子的結合體，但因溫度及周邊所產生的壓力，也會改變其結構。所謂「手製」的打出，指的是由專業師父加熱金屬後，敲叩至某個程度，再次重覆加熱敲叩的作業。藉此來壓縮金屬，使密度變大也因此金屬的原子排列結構等也會因而改變，顯著地提升其強度。

另一方面，不以手工進行作業，而以機器模型按壓「機械敲打」的打出鍋也到處可見。機械敲打是由模型按壓，因此由鍋子側面至底部的彎曲部分沒有槌打痕跡。手工敲製時，這個部分也會確實敲扣，所以會留有槌打痕跡（照片）。以鍋具來說，相較於僅用機械按壓出凹凸痕跡的鍋具，手工施以壓力敲叩金屬製成的鍋具更具強度。

手製打出鍋，因為是專業師父花時間工夫製作，因此價格高昂，但專業廚師們仍願意購買，正因其手工打造才有的強度，以及能夠配合使用者來進行微調等優點。

手工製作的鍋具在底部與側面交會之處也有敲叩痕跡，但機械敲打則沒有加工到這個部分。照片中機械敲打的底部敲叩痕跡，僅止是按壓出輪廓線形狀，各敲打面並沒有角度變化，與手工打造的完全不同。

Q.40

壓力鍋為什麼可以
快速烹煮呢？

地表附近的大氣壓力（大氣壓）是一個大氣壓（1013 hPa 百帕），在這樣條件之下水會在100℃時沸騰。但到了富士山頂附近，氣壓低至0.6，所以水在80℃左右就會沸騰。沸騰的溫度（沸點）會因壓力而改變，壓力越低沸點也越低，壓力越高沸點也越高。

壓力鍋就是利用這樣原理的鍋子，因加熱而由材料所產生之水蒸氣被封留在鍋中，使得鍋內壓力高達1.5~2。壓力上升則溫度也會隨之升高，鍋內溫度約可達115~120℃的高溫。即使只是用普通鍋具烹煮食材，溫度越高也會越快完成。壓力鍋是以更高溫加熱，當然食材完成時間會更短。

所謂的更快完成烹煮，意味著食材組織會更快崩壞而變得柔軟的意思。例如蔬菜的硬度，構成組織的細胞與細胞間，呈長形鎖鍊狀的果膠像糊糊般使其黏著。此外，肉的硬度是因肉類的組織以膠原蛋白之蛋白質纖維來支撐著；骨骼的硬度則是膠原蛋白之纖維所形成的網目中，有鈣質的結晶嵌入其結構內。若將骨骼比喻成鋼筋水泥，則鋼筋就是膠原蛋白而鈣則是水泥。如此各有其組成的相關物質與硬度，當這些物質被分解後，就無法繼續保持組織的硬度，食材也會變得柔軟。因物質的分解是溫度越高越迅速，因此用壓力鍋加熱可以更快將食材煮軟。

採用一般鍋具，沒有長時間加熱無法煮至柔軟的肉類或乾燥的豆類等，或是長時間加熱也很難煮至柔軟的魚骨等，壓力鍋只要很短的時間就能煮軟。但使用壓力鍋，加熱時間超過所需，可能會使得食材過軟，蔬菜完全煮爛或肉類煮到過於柔軟地無法成塊。

壓力鍋不方便的地方，在於加熱過程中無法打開鍋蓋確認燉煮的味道及狀況。此外，加熱後至壓力降低前都不能打開鍋蓋。因此，在離火後至壓力降低為止，都仍持續用餘溫進行加熱，溫度設定時必須連同這個時間

一同估算，並且事先的調味，也應該是打開鍋蓋後還能進行味道調整的程度，比較能避免失敗。

Q.41

為什麼紙鍋
不會燒起來？

　　紙鍋使用的是網目結實的和紙，就是用紙做成的鍋子。誕生於江戶時代，即使是現在也還有很多小店將其使用在湯豆腐或小鍋料理上。使用方法，是將紙鍋固定在專用支架或金屬網篩上方，由下方用火直接加熱。

　　紙的著火溫度是200℃以上（圖1）。無論在火焰上放置紙或紙鍋都不會被點燃，是因為只要在紙當中加入了水（高湯等），那麼紙張的溫度就不會超過100℃。但當水量減少，或因蒸發而變少時，紙鍋上方超過200℃以上，就可能會有燒焦或燃燒的狀況，必須多加注意。此外，有些和紙也經過特殊加工，使其具備耐水及耐火的特性。

圖1 著火溫度

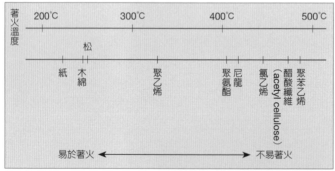

氯乙烯和聚合體，29,0,6-11（1989）

紙鍋

第三章　燙煮與熱的關係

煮沸熱水時為什麼會噗咕噗咕地
產生氣泡呢？

　　水加熱後不久，就開始出現小小的、像是螃蟹卵般的粒狀氣泡在鍋邊。這些是溶於水中的二氧化碳及氧氣等氣體。水中其實溶有各式各樣的氣體，溶入的氣體量會因水溫而有所不同。隨著水溫的升高，可溶入的氣體量隨之減少，無法溶入的氣體就會以氣泡方式排出。溶入的氣體全部釋出後，隨著水溫越高氣泡越大。這些氣泡是由水變成氣體，也就是水蒸氣。

　　當水變成水蒸氣時的溫度就是沸點。沸點在一個大氣壓（大氣壓）時是100℃。在鍋中放入水加熱，即使整體的水分溫度很低，接觸熱源的鍋底部分仍有超過100℃之處。超過100℃的鍋底處，水變成了水蒸氣形成了氣泡。形成的氣泡與鍋底其他部分所生成的氣體結合後，逐漸變大並且浮出水面。達到沸點的水，無關乎表面或內部，到處都會變成水蒸氣，整體呈現氣泡噗咕噗咕的湧起沸騰狀態。順道一提的是，水的沸點會因氣壓而改變，在富士山頂上的大氣壓較低約0.6，水約在88℃就會沸騰了。

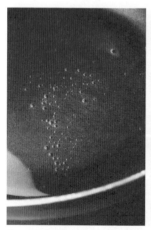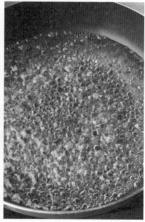

左：最初出現的小氣泡，是溶於水中的二氧化碳和氧氣等。
右：溫度充分升高時，出現的大氣泡就是水蒸氣。

看熱水的狀態
就能知道溫度嗎？

　　看鍋底冒出的氣泡狀態，大約就可以判斷熱水的溫度（圖1）。在鍋中放入一般用水加熱，最初會在鍋底出現小小的，像是螃蟹卵般的氣泡。此時的水溫約為30℃左右。之後熱水的溫度到60℃左右時，比螃蟹卵更大的氣泡會自鍋底向上冒起。當熱水的溫度更高，氣泡也會隨之變得更大，至80℃左右，氣泡就如同圓球般明顯可見。此時，熱源直接接觸鍋底的溫度已近100℃。接著當氣泡不斷地湧至表面迸開時，熱水溫度約已達90℃。達到100℃時，水面會呈現劇烈的震盪沸騰狀態，氣泡噗咕噗咕地湧起並破裂時，熱水應該已經超過100℃了。

　　另外，若想以熱氣來判斷熱水的溫度，卻很困難。這是因為加熱器具週邊的氣溫，會隨著熱氣產生而改變。我們所看到的熱氣並不是鍋內產生的水蒸氣，而是發生的水蒸氣遇到外在空氣，冷卻後形成的水分粒子狀態。水蒸氣是無色透明的氣體，加熱器具週邊的溫度越低，熱水溫度也較低時，還能看得見熱氣，但若瓦斯爐週邊的溫度升高，熱水的溫度也升高後，就可能看不見熱氣了。

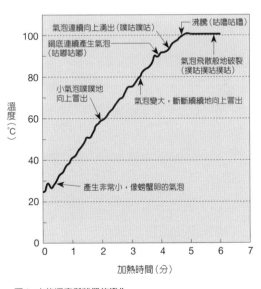

圖1　水的溫度與狀態的變化
以使用 IH 調理爐（2kW）加熱1.2L 的水至沸騰所測定。
作者測定

Q.44

什麼材質的鍋子
會最快煮沸呢？

　　熱水能迅速煮沸的鍋子，就是能迅速升高溫度的鍋子。鍋具溫度的上升，關乎鍋具的材質和厚度兩大要素。因材質不同傳熱程度（熱傳導率）也會因而改變，依厚度其蓄熱能力（熱容量）也有顯著不同。因此歸結而論，鍋子的溫度能迅速升高的就是薄鋁合金鍋。

　　圖1中，是以材質不同的多種鍋具煮沸1L的水，比較水溫上升的速度實驗。由此實驗可知，基本上熱容量越小的鍋子，水溫會越迅速升高。

　　再來是熱傳導率，也會影響到熱水沸騰的速度。如Q26圖1所示，熱傳導率越大的銅或鋁合金鍋，溫度越能迅速升高。

　　也就是鋁合金鍋、銅鍋、多層鍋、不鏽鋼鍋、琺瑯鍋、耐熱玻璃鍋和砂鍋當中，能最快煮沸熱水的是熱容量最小，且熱傳導率最大的鋁合金鍋。相反地，煮沸熱水需要花最長時間的，是熱容量最大且熱傳導率最低的砂

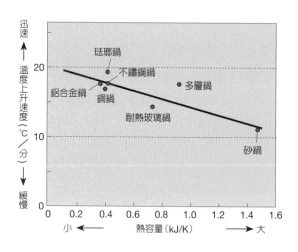

圖1　熱容量與溫度上升速度之關係

辰口直子等，日本調理科學會誌，33,157-165（2000）

鍋，次慢的是耐熱玻璃鍋。在右圖1的試驗中，不鏽鋼鍋與琺瑯鍋的熱容量雖然幾乎相同，但琺瑯鍋的熱傳導率較高，因此琺瑯鍋會較早煮沸熱水。

在文章最初提及溫度最快上升的是鋁合金鍋，而且會特定指出是薄鋁合金鍋，是因為即使是熱傳導極佳的鋁合金，鍋子越厚，熱容量就會因而變大。這樣的說法可以從厚度2.4mm厚鋁合金鍋的熱容量為0.639 kJ/K，較琺瑯鍋（熱容量0.397 kJ/K）更晚沸騰，而得到證明。

Q.45

加入鹽、砂糖和醋時，
沸點也會隨之改變嗎？

　　所謂的沸點是液體至沸騰時的溫度，在一大氣壓（大氣壓）之下，水在
100℃時沸騰。但將鹽或砂糖溶化於水中，沸騰的溫度會較100℃更高。
這樣的現象就稱為沸點升高。能引起沸點升高，只有在像是鹽或砂糖般不
會蒸發的物質溶於其中的情況下。醋或酒般會揮發的物質，混入水中，沸
點不會升高反而會使沸點降至100℃以下。

　　烹調過程中，溶化了鹽或砂糖的水溶液沸點，會高於100℃多少，與溶
化物質的種類無關，而是視水溶液濃度（摩爾濃度 Molar concentration[*1]）
的比例。只是一般料理當中，使用的砂糖和鹽的用量，並沒有到使沸點升
高的程度。以燙煮義大利麵為例：燙煮義大利麵的水中鹽分濃度約為1%
（1L 的水中放入 10g 的鹽），此時加入食鹽的水分沸點約為100.2℃，較一
般水分的沸點僅高出0.2℃。順道一提的是，使用砂糖要將溫度升高至同
樣溫度，則必須是5%（1L 的水中放入 54g 的砂糖）濃度才會升高。除了
烹調佃煮、果醬等多鹽、多糖、多醬油的料理之外，一般烹調中，因加入
調味料而造成沸點的變化，實際上並未達到需要擔心的程度。

　　在沸騰的熱水中加入鹽或砂糖時，熱水中會產生氣泡，或許有人會因
此而覺得沸點升高，但這其實只是附著於鹽或砂糖中的空氣所產生的現
象，無關乎沸點升高。

＊1　摩爾濃度（mol/L）與一般烹調中所使用的質量百分比濃度（％）不同，是由溶化物
質之分子量所算出的數據。

Q.46

為什麼蔬菜迅速汆燙時會變得更硬，
但持續燙煮卻會變軟呢？

　　雖然我們都認爲蔬菜加熱後會變軟，但實際上蔬菜變軟（軟化現象）與變硬（硬化現象）的現象是同時產生。在80~90℃時主要產生的是軟化現象，而在50~60℃時主要產生的是硬化現象。一般烹調蔬菜，大都不會只加熱至60℃左右，所以大半不太會注意到蔬菜硬化的現象。在使用蘿蔔進行硬度及溫度關係的調查實驗中，在65℃熱水當中加熱90分鐘的蘿蔔仍是堅硬狀態，但可以確定的是當熱水溫度升高至90℃時，開始加熱的蘿蔔一度變硬，但之後就會急遽地軟化了（圖1）。

　　蔬菜會變硬或變軟，其實是因爲連結細胞間的果膠構造，依溫度所產生變化而來。蔬菜在50~60℃附近，會變硬的原因在於蔬菜中所含稱之爲果膠甲基酯酶（pectin methyl esterase）的酵素，在這個溫度下會活躍地產生作用，形成與果膠長鎖鍊結合的結構變化。至80~90℃時，這種酵素停止作用，與其結合的果膠因熱而被分解，因此蔬菜會變得柔軟。

　　若是利用蔬菜硬化的現象，可以讓生菜沙拉的萵苣維持更有口感的狀態。在缽盆中放入50℃的熱水，將萵苣稍加浸泡，就能因酵素的作用使萵苣更具爽脆口感。

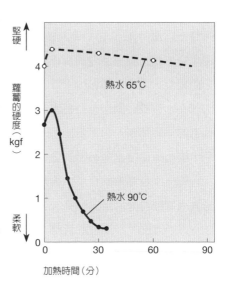

圖1　蘿蔔的硬度變化與熱水的關係

松裏容子等，日本食材工業學會誌，36,97-102（1989）

Q.47

蔬菜或肉類以冷水開始燙煮，
與以熱水燙煮的成品，會有所不同嗎？

　　食材以冷水開始燙煮和以熱水開始燙煮，會有兩大不同之處。一是加熱時間，另一個是燙煮時食材表面及中央部分的溫差。

　　燙煮較薄的食材時，幾乎不用考慮食材表面與內部的溫差。以熱水開始燙煮，可以在短時間即完成，以冷水燙煮就需要較長時間，這樣加熱時間的差異，對成品有什麼樣的影響就是問題所在了。

　　例如，青菜從冷水開始燙煮時，因加熱時間長，所以會變得過軟而沒有口感，具有特色的綠色也會變成褐色，風味及營養成分都會因而流失。青菜的綠色褪色，是因為燙煮時葉綠素（Chlorophyll）變化，而成為黃褐色的色素所造成（請參照 Q52）。特別是從冷水開始燙煮時，葉綠素的變化會隨著時間的拉長而更加深其影響，氧化葉綠素的酵素也會產生很大的作用。這種酵素在40℃左右時會充分發揮其作用，燙煮的水溫達到40℃左右時，綠色會急速變成黃褐色。此外，像茄子般具有青紫色花青色系色素的蔬菜，從冷水開始燙煮時也會產生問題。因花青素系的色素是水溶性的，在水中長時間燙煮時色素會因而流失。相對於此，紅色或黃色蔬菜所含有的胡蘿蔔素，色素是脂溶性的，所以不易溶於水，加熱時也呈安定狀態，因此，從冷水開始燙煮也不會產生色素流失，造成變色的問題。

　　相同不具厚度的食材，肉類或魚貝類等蛋白質食材，從冷水開始燙煮時會因加熱時間過長，而流失了美味的成分，口感會變得乾澀。

　　另一方面，具厚度的食材，加上加熱時間，食材表面及中央部分的溫差會對成品產生非常大的影響。以熱水燙煮時，表面溫度急遽升高，但內部是由表面所傳遞的傳導熱所加熱，因此無法如此迅速地傳遞，中央部分仍呈低溫狀態。表面部分與中央部分有很大的溫差，因此表面部分與中央部分的燙煮程度，會呈現相當大的差異。具厚度的食材，從冷水開始燙煮

時，食材表面溫度與水會以相同速度緩緩地升高溫度，而同時內部溫度也會緩慢地升高，表面部分與中央部分的溫度並不會有太大的差異，可以將整體燙煮成幾乎相同程度。

　　具厚度的材料，最具代表性的例子，可以試著想成是燙煮整顆馬鈴薯。馬鈴薯一般而言都知道是從冷水開始燙煮比較好。如果以熱水來燙煮馬鈴薯又會如何呢？馬鈴薯的表面會因熱水的傳熱而不斷地被加熱。但中央部分由表面傳遞的熱量並沒有那麼迅速。馬鈴薯細胞中所存在的澱粉顆粒，會因吸收水分而漸漸膨脹起來。澱粉顆粒與細胞的膨脹使馬鈴薯鼓脹，由表面開始產生易於剝離掉落的狀態。等到中央部分也完全熟透時，馬鈴薯表面的細胞早就成為崩壞剝落狀態了，有可能煮好時馬鈴薯也變小了。相對於此，若是從冷水開始燙煮，則馬鈴薯表面溫度會徐緩地升高。中央部分也會由表面將熱量漸漸滲入，因此表面部分與中央部分的溫差，相較於以熱水燙煮是大幅縮小。也就是中央與表面相同地進行加熱，所以表面不會崩壞，整體幾乎是同樣地完成燙煮作業。

　　但即使同樣是馬鈴薯，不是整顆而是小塊或是切成薄片時，表面至中央部分的距離會大幅縮小。此時幾乎不用考慮表面與中央部分的溫差，用熱水燙煮也沒有問題。

Q.48

燙煮蔬菜或麵類時，
燙煮的水分越多越好嗎？

　　大家常說在燙煮綠色蔬菜或具有澀味的蔬菜、麵類等，用多些水燙煮比較好。

　　燙煮水的用量，會因燙煮目的而有所不同。像是想要保持綠色蔬菜的綠色時，或是想要除去食材當中的苦味或澀味時，用較多的燙煮水量會比較好。但若像是馬鈴薯等只是想使其軟化或是以燙熟為目的時，即使水量不多也沒有關係。

　　燙煮的水量越多，材料加入時的水溫也不容易降低。蔬菜的綠色色素成分是葉綠素（Chlorophyll），加熱的時間一旦變長，就會變成稱之為脫鎂葉綠素（Pheophytin）的黃褐色色素了。因此燙煮時間一旦拉長，蔬菜的綠色也會隨之褪去。而燙煮水量越多，蔬菜放入後熱水的溫度不會因而降低（圖1），就能縮短燙煮時間，使其保持綠色。

　　此外，燙煮水量越多，就越不易成為酸性，也是維持綠色的重要關鍵。蔬菜中含有草酸（oxalic acid）等有機酸，新鮮蔬菜的葉片組織中，葉綠素並未接觸到有機酸，因此可以保持其綠色。但加熱時葉片組織被破壞而溶出有機酸，就會使燙煮的熱水呈現酸性傾向。在酸性成分之下，葉綠素也容易變化成脫鎂葉綠素。燙煮的水量越少，水中的酸性也會越強，顏色也會因而變差。此外，燙煮青菜時，也都說不能蓋上鍋蓋，這也是為了避免熱水呈酸性的訣竅。因為在燙煮時，與水蒸氣一起揮發的有機酸，若接觸至鍋蓋而形成水滴，再次落入燙煮熱水中，就會使水分變成酸性。

　　在燙煮具苦味或澀味食材時，也是使用大量熱水較佳。因為燙煮的水量越少，就會變成是用含有濃重苦澀味的熱水來燙煮食材。明明是要除去苦澀味，反而將苦澀味道再次煮至食材當中，有損於完成的風味。

　　為保持綠色、除去苦澀味，用較多的水量來燙煮比較好，但使用的水

量過多時，煮至熱水沸騰會需要更長的時間，也會造成時間及水電瓦斯的浪費。那麼既不要無故浪費，又要能兼顧期待的效果，燙煮的水量應該要用多少才是最適當的呢？燙煮綠色且必須除去澀味的蔬菜代表—菠菜，實驗證明約是燙煮菠菜重量的5倍水量最適合。以菠菜5倍重量的熱水來燙煮，加入菠菜時熱水的溫度不致降低，同時也能確實地除去苦澀味成分的草酸，而且不會存留苦澀味道。

　　燙煮薯類或雞蛋等食材時，水僅只是傳遞熱量的媒介，燙煮時只要燙煮水量能覆蓋住食材即可。

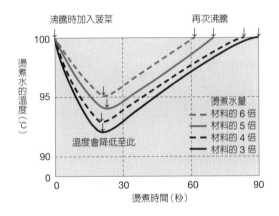

圖1　菠菜的燙煮水量與溫度變化

山崎清子，家政學雜誌，4,279(1954)

Q.49

以水燙煮與用微波加熱的成品，
完成後會有所不同嗎？

　　在鍋內裝滿水燙煮，或用微波爐直接加熱，因為對食材的傳熱方式完全不同，完成的狀態也會有相當大的差異。

　　將水和食材放入鍋中加熱，熱量是由加熱的水傳遞至食材表面，再由表面慢慢滲入中央部分，因此加熱的時間較長。並且燙煮時，因為食材一直浸泡於熱水中，所以食材成分中的水分會因而流出，相反地水分也會進入至食材內部。

　　另一方面，採用微波爐時是使食材本身發熱，因此加熱時間可以非常短。微波爐加熱的特徵可列舉如下： ①食材中央部分的溫度升高會早於表面、 ②食材的水分非常容易蒸發、 ③加熱後食材的溫度很容易降低、 ④很容易出現過度加熱或加熱不足，無法均勻加熱的狀況、 ⑤食材成分流失較少…等。

　　食材加熱的目的各有不同，在此針對燙煮加熱和微波爐加熱時，因傳熱至食材的方法不同，對完成時所產生之具體影響，加以描述說明。

●營養方面的不同

　　燙煮加熱，無論是好的成分或不好的成分，會有部分易溶於水的成分流失。相對於此，微波爐加熱時因沒有使用水分，所以食材所擁有的成分幾乎不會流失。

　　菠菜或款冬嫩芽等具有澀味的蔬菜，能藉由燙煮時將苦澀味道與水一起流出，因此能夠減少苦澀的味道。反之，若是以微波爐來加熱時，苦澀的成分就會完全殘留在蔬菜當中。雖然這也可以在加熱後浸泡於水中略略去除，但燙煮時較能確實去澀。但在除去苦澀的同時，蔬菜中所含有的獨特風味或是水溶性維生素等，也會同時被去除（表1）。加熱帶有苦澀味道的蔬菜時，可以考量先除去苦澀或是保留風味及營養成分，之後再選擇以

燙煮或微波方式來加熱。此外，苦澀味道或水溶性維生素等，不僅在燙煮作業時，也可以於加熱後浸泡於水中去除。此時能除去的成分多寡，會因泡水時間越長而越能去除。

表 1　加熱後蔬菜維生素 C 的殘留率

食　　材	蔬菜中維生素 C 的殘留率			
	微波爐加熱		燙煮加熱	
菠菜(150g)[*1]	加熱 1 分 30 秒後、水漂洗 3 分鐘	93%	燙煮 2 分後、水漂洗 3 分鐘	42%
冷凍毛豆(100g)[*1]	加熱 2 分鐘	90%	加熱 10 分鐘	73%
塌菜葉(100g)[*2]	加熱 1 分 40 秒	75%	加熱 2 分 30 秒	40%
塌菜莖(100g)[*2]	同上	96%	同上	74%
青江菜葉(100g)[*2]	加熱 1 分 30 秒	74%	加熱 2 分 30 秒	65%
青江菜莖(100g)[*1]	同上	83%	同上	92%

[*1] 長島和子，千葉大學教育學部研究紀要，28,269-274(1979)
[*2] 酒向史代等，日本調理科學會誌，29,39-44(1996)

　　沒有苦澀味道的蔬菜或薯類，不特別需要燙煮加熱，燙煮的水分完全只是做為傳熱的媒介而已。像馬鈴薯或甘薯之類含有澱粉性的食材，即使沒有補充水分只是加熱就能使其 α 化，因此微波爐加熱與燙煮加熱一樣，都很容易消化吸收。如果在意風味及營養成分的存留，當然是微波加熱方式，具相同效果又幾乎不會流失其風味及營養成分。

●口感、味道的不同

　　比較燙煮與微波加熱的食材口感及味道，可以將其差異分成兩大項。一是燙煮的食材因浸泡在水中，因此完成時帶著水分，而微波加熱的食材，因其中的水分容易蒸發，所以完成時略呈乾燥狀態。微波爐加熱時，雖然也可以在容器內加入足以浸泡至材料的水分加熱以防止乾燥，但如此一來就與燙煮加熱一樣，食材會略帶水分而且水溶性維生素也同樣流失減少。

　　另一個相異之處在於，燙煮食材是由食材表面開始加熱，而微波爐加熱則是由食材中央處開始加熱。因此燙煮蔬菜時，若是使用微波爐加熱，完成時蔬菜中央部分會比表面更加柔軟，而不會像燙煮加熱般在中央部分仍留有口感。此外，肉類或魚類等使用微波爐加熱，在表面遇熱凝固前，內部就已經熟透地將美味成分的湯汁向外流出了。

Q.50

有可以提引出馬鈴薯甜味的
燙煮方法嗎？

　　馬鈴薯所含有的澱粉分解酵素（β 澱粉酶）少於甘薯。這種酵素在加熱時產生作用，可以將澱粉分解轉化成糖類。當馬鈴薯完全被加熱時，糖類會增加至原含有量的2倍以上（圖1）。因為 β 澱粉酶在30~65℃左右時，作用最為活躍，因此馬鈴薯保持在這個溫度較長時，就越能增加糖類。

　　另一方面，在50~60℃左右時，被稱為果膠甲基酯酶的酵素也會產生作用，使馬鈴薯變硬。因此一旦這個溫度下長時間加熱，即使接著持續加熱至100℃左右，馬鈴薯也不會再變軟了。

　　為避免馬鈴薯變硬，並且能夠增加糖類的產生，希望是能儘量拉長溫度保持在50℃以內，之後迅速地將溫度提升使澱粉 α 化。話雖如此，要如此進行溫度管理確有其困難之處。現實中，接近這樣溫度管理的燙煮方法，就是將馬鈴薯放入冰水中，以小火緩慢地加熱。如此，就能拉長可分解糖類的溫度帶時間，而增加糖類含量。此時，若是削皮燙煮，就會將糖類溶至水中，使得風味受到大幅的影響。

　　並且，馬鈴薯保存在5℃以下的低溫，保存後的含糖量也會增加。若是想要更加提升馬鈴薯的甜度時，低溫貯藏，同時帶皮以冷水燙煮是最好的方法。

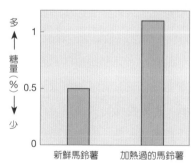

圖1 依加熱而產生馬鈴薯糖量的變化
（加熱10分鐘後的馬鈴薯）
山內久子等，家政學雜誌，13,307-310（1962）

Q.51

燙煮肉類或蔬菜時的浮渣
是什麼呢？

　　所謂浮渣，就是指含有會令人感覺不快的成分或物質的總稱。食材中令人不快的味道，像是苦味、辛澀味、澀味 ... 等物質或成分，以及變成褐色的色素，都稱之為浮渣。實際上，浮渣並沒有確實清楚的定義，而且也不一定是對人體有害的物質。浮渣多是可溶於水的水溶性物質，於水中漂洗或熱水氽燙都可以將其去除。

　　蔬菜當中，礦物質含量達 1.5% 以上，就會讓人感覺到強烈的澀味。礦物質中，鈣和鎂是主要會感覺到苦味的成分。其他蔬菜中的澀味等成分，會因蔬菜種類而有所不同。竹筍、芋頭和蘆筍 ... 等的辛澀味，主要是來自稱為尿黑酸（homogentisic acid）的成分，再加上草酸時，其辛澀味會更強烈。菠菜當中有草酸；馬鈴薯中含有毒物質：生物鹼之一的龍葵鹼（Solanine），所以會感覺到辛澀味道。苦味是來自於稱為皂素（Saponin）的物質，以及柑橘類中常見稱之為橙皮素（hesperidin）的物質。蓮藕、牛蒡以及茄子等，切開稍稍放置就會變成褐色的原因，就在於其含有多酚（Polyphenol）之一的綠原酸（chlorogenic acid）所導致，這同時也是澀味及苦味的來源。

　　肉類的浮渣主要是由脂肪部分所溶出的脂質成分，這些會與溶出於水中的血液，或肉類中所含的蛋白質變性成分相混合。另外，魚乾當中脂肪的氧化物質就會變成浮渣，可感覺到澀味。

　　浮渣固然是不需要的味道，但也存有食材中原有的風味。浮渣的成分之一就是多酚，近年來有助於預防生活習慣不良所造成的疾病，而廣受注意。也正因如此，並不是所有的浮渣都必須完全去除才是最好。

Q.52

燙煮青菜時
為什麼要在熱水中加入食鹽呢？

　　燙煮青菜時，添加鹽分可以更加烘托出青菜的甘甜與美味，用於菠菜時還能抑制其辛澀味。

　　青菜的綠色，是來自稱為葉綠素（Chlorophyll）的色素。葉綠素長時間持續加熱，葉綠素分子內的鎂離子會被水離子所替換，變成黃褐色稱為脫鎂葉綠素的色素。而若是在燙煮的熱水中入了食鹽，則食鹽中的鈉離子會與鎂離子置換以安定葉綠素，繼而保持鮮艷的綠色。但保持鮮艷綠色的必要用鹽量，必須確定是2%（1L的熱水中含有20g的食鹽）以上。通常燙煮熱水中，加入的食鹽量約為1%（1L的熱水中含有10g的食鹽），這樣程度的添加量無法保持葉綠素的色澤（圖1）。另外，若加入小蘇打使燙

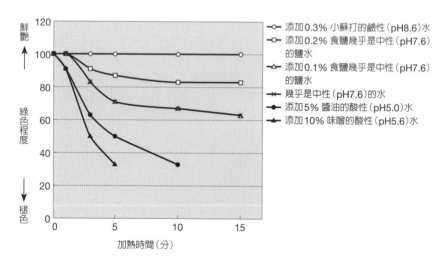

圖1　各種熱水燙煮青菜時的綠色變化

綠色程度是以加熱前青菜的綠色為100% 數據。
添加醬油和添加味噌的水，其鹽分濃度與一般湯汁相同，相當於1% 食鹽濃度。
以山崎清子，家政學雜誌，4,279（1954）為參考製成

煮熱水呈鹼性，也可以保持住蔬菜的翠綠，但若是放入添加了醬油或味噌等酸性的燙煮熱水，在很短的時間內就會褪色了。

另一方面，燙煮菠菜時，在熱水中添加食鹽，已經由實驗證實可抑制辛澀味。這時並非添加鹽分以減少形成辛澀味的草酸，而可視為鹽當中的氯化鈉，可抑制辛澀味的感覺。在抑制辛澀味的效果上，若是使用相同的食鹽用量，含有較多氯化鈉的精製鹽會更具效果（圖2）。實驗當中，使用的是濃度3%的鹽水，但一般使用1%濃度時也能有相同的效果。

此外，因為鹽味也具有提鮮增味的作用，因此添加食鹽更能期待青菜風味的提升。

還有燙煮青菜時，若是使用銅鍋或鐵鍋，無論是否添加食鹽，都能確保其鮮綠色彩。這是因為鍋中所含有微量銅離子或鐵離子會溶於水中，置換了葉綠素中的鎂離子，因而使蔬菜呈現安定鮮艷的綠色。

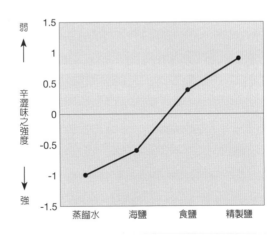

圖2 鹽對於菠菜辛澀味的影響

使用濃度3%的各種食鹽燙煮菠菜1分鐘，之後以冷水漂洗1分鐘後的辛澀味強度。相較於用蒸餾水燙煮，使用鹽水燙煮時感覺辛澀味較為減弱。即使同樣是鹽水，含有較多氯化鈉的精製鹽燙煮的效果更好。

若泉真嘉子，日本家政學會誌，56,15-21(2005)

Q.53
燙煮後的青菜不浸泡在冷水中，
也能保持色澤嗎？

　　青菜燙煮完成後，直接高溫放置，會因餘溫而使得青菜仍持續加熱。加熱時間越長，葉綠素（Chlorophyll）就會變成黃褐色的色素，顏色也越來越差。燙煮完成後應立即浸泡於冷水中，儘可能迅速地降低青菜的溫度。溫度下降就能阻止其顏色變化。

　　但浸泡於水中的青菜，其風味及營養成分會因而流失，味道也會因含水而變淡。若想避免這種情況，也可以用扇子或電風扇使其儘速散熱降低溫度。與其放入冰箱，不如放置在通風處更能快速降溫。這種放置降溫的方法，日文中稱之為「陸上げ」。一旦放涼後，青菜中多餘的水分會蒸發，使調味料更能入味。沒有澀味的蔬菜用這樣的放置降溫法，更能保持蔬菜的美味。這種放置降溫的方式，也有可能會因餘溫而持續加熱，因此相較於以水降溫，重點是能夠定色還能縮短燙煮時間。

沒有澀味的青菜，可以不漂洗
冷水地直接在網篩上吹風降
溫，就是「陸上げ」的效果

蘿蔔的燙煮作業
為什麼使用洗米水呢？

　　蘿蔔當中含有稱爲浮渣，辛辣及苦味的成分。這樣的成分主要是由於異硫氰酸鹽（Isothiocyanate）類的含硫黃化合物（含硫化合物），因加熱被分解而產生蘿蔔特有的味道。這樣的浮渣成分屬水溶性，因此切成薄片用水燙煮後就會釋出，不會殘留在蘿蔔中。也就是若將蘿蔔切成薄片，即使沒有先行燙煮，也不太會感覺得到。但若是切成圓柱狀蘿蔔厚片，即使由切口處可以將這些味道排出，內部仍會存留，所以仍需先燙煮以去除辛澀味。

　　使用淘米水來燙煮，除去浮渣的效果更好。淘米水當中，漂浮著許多米糠成分的膠體粒子（肉眼所無法辨識的微小粒子）。膠體粒子具有吸附各式成分的特性，因此能夠吸附辛澀的浮渣成分並將之除去，也可以減少蘿蔔的辛味及苦味。

　　在水中溶入麵粉或放入米粒，也會和淘米水一樣混濁。這是麵粉中的澱粉，或是附著在米粒上的米糠成分或澱粉，變成膠體粒子浮出的證據。漂浮著膠體粒子的液體呈混濁狀態。在這混濁的水中燙煮蘿蔔，可以藉由膠體粒子吸附辛澀味的浮渣，減少蘿蔔的辛澀味。蘿蔔的辛澀味可以減少至什麼程度，取決於膠體粒子的多寡。放入米糠、麵粉或是米粒，都能有助去除蘿蔔的辛澀氣味。

Q.55

燙煮竹筍，
為什麼要加入米糠和紅辣椒呢？

剛挖出的新鮮竹筍，沒有苦味並且柔軟美味，這是因爲其中含有大量稱爲酪氨酸（tyrosine），可呈現美味成分的一種氨基酸，所以也能夠生食。但隨著挖出後時間的經過，造成酪氨酸氧化的尿黑酸和草酸會隨之增加。尿黑酸和草酸是兩種會顯示出苦澀味道的成分，因此隨著這些成分的增加，竹筍特有的苦味也會出現。再經過一段時間，組織會變得更堅硬，沒有燙煮就無法享用其美味。

過去常說要除去竹筍的苦味浮渣，只要加入紅辣椒即可。在燙煮時加入米糠，正如 Q54 所提，可以利用米糠的微小粒子吸取去除浮渣，但紅辣椒的成分對於竹筍的浮渣，並沒有直接的作用。應該是人類對於味覺的感受，可間接地抑制苦味。這樣的辛澀苦味又被稱爲收歛性味道，就是並非以舌頭味蕾感受，而是口中黏膜因辛澀味收縮刺激而感覺到的味道。紅辣椒的辛辣味，是稱爲辣椒素（capsaicin）的物質，不是以味蕾而是以口中痛感（對疼痛的感覺），及溫感（對溫度的感覺）的刺激而感受到的味道。燙煮竹筍時，加入紅辣椒應該是希望入口時，因感受到辣味而忽略辛澀味的作用吧。

表1　放置後的竹筍所產生草酸含量的變化

含量 部位 　時間	草酸（mg%*）	
	0 小時	24 小時
尖端	43.89	70.32
中央部分	22.90	42.28
根部	18.00	54.41

*1% 的 1000 分之 1

長谷川千鶴，家政學雜誌，7,4(1956)

Q.56

去除山菜的苦澀，
為什麼要使用小蘇打或鹼水呢？

　　山菜也有各式各樣的種類，有些是以熱水燙煮再用冷水漂洗就能去除澀味，但澀味較多的山菜，就必須用到小蘇打或鹼水了。小蘇打或鹼水是鹼性材料，使用這樣的材料時，燙煮熱水就會變成鹼性。不僅只限於山菜，蔬菜以鹼性水來燙煮，果膠因被分解而軟化、組織變軟後澀味成分等就容易從細胞中被溶出去除了。

　　蕨類或紫萁等澀味特別重的山菜，因含有大量的生物鹼或草酸等澀味成分，用一般的水分燙煮仍是苦澀難嚥，辛澀味非常強。生物鹼類，只是微量都會對人類或動物產生強大作用，雖然自古以來都做為醫藥用品，但也屬植物毒素之一，大量攝取會造成下痢或嘔吐等症狀。因此為了確實除去其辛澀味而使用小蘇打或鹼水。

　　此外，山菜屬於纖維堅硬的食材，因此用鹼性水來燙煮，才會柔軟易於食用。再者，燙煮的熱水呈鹼性時，燙煮後也能維持其鮮艷的色澤。這是因為在鹼性熱水中，葉綠素因安定狀態而變化成葉綠酸（chlorophyllin）呈現出深綠色。市售燙煮過的山菜呈現出鮮艷綠色時，並不是含有添加物，而是以鹼性水燙煮而成的原故。

　　但是若加入過多小蘇打、或是燙煮時間過長等，會使澀味過度排出或燙煮得過於軟爛，山菜特有的微苦和風味、以及美味要素之一的口感都會因而喪失。此外，以鹼性水來燙煮，會大幅破壞維生素C等水溶性維生素，對營養成分而言是一大損失。想要享受山菜的鮮艷色澤與獨特風味，小蘇打的用量約是相對於熱水的0.3%左右，pH值為8.6的弱鹼性較適合。

Q.57

燉煮滷肉，為什麼肉類的預備汆燙，
要使用豆渣？

　　滷肉時使用的是五花肉，但五花肉中約有四成是脂肪。這道料理與其說吃豬肉，不如說是利用燉煮使肪脂組織中的膠原蛋白呈膠質狀態，享受黏稠口感的料理。因含脂肪量較大，所以在烹煮之前的預備汆燙，必須除去多餘的脂肪，使得完成時能呈現油光亮澤，且無損於其香濃黏稠的口感。

　　壓榨大豆後留下的豆渣，幾乎是大豆的外皮及胚芽的部分，所以固態中食物纖維約占50%。因爲不溶於水的不溶性食物纖維，會吸收水分而膨脹起來，所以在營養學上是種可以增加排便量，改善便秘的食材。豆渣中所含的食物纖維，幾乎都是不溶性食物纖維，因此相較於其他食材，豆渣更具有強大的吸水性。在預備汆燙五花肉時，加入豆渣可以溶出並連同水分一起吸收五花肉中的脂肪，以及肉腥味等浮渣的成分，在撈除豆渣時同時除去浮渣。汆燙後的肉類以水沖洗，也可以將肉塊凹凸上所附著的脂肪或浮渣成分，連同豆渣一起沖洗乾淨。此外，曾聽說汆燙時加入豆渣，可以更快完成汆燙的效果，關於這個部分其實是沒有什麼根據的說法。

滷肉

使用豆渣來汆燙，可以利用豆渣吸附肉類的脂肪及腥味等浮渣的成分，並能確實地消除。

Q.58

用醋水燙煮蓮藕會變硬，
是真的嗎？

　　用醋水來燙煮蓮藕能做出爽脆口感的成品。這並非是「變硬」，若是以「不易變軟」來表現是較貼切的說法。用醋水燙煮會不易變軟，是程度上的差異，也可以適用於所有蔬菜。

　　不僅限於蓮藕，植物細胞有細胞壁，而細胞壁與細胞之間存在著名為果膠的物質。果膠是連結細胞與細胞間，糊狀般作用的物質，由稱為半乳糖醛酸（galacturonic acid）的糖類以長鎖鍊般連結而成的構造。果膠鎖鍊的長度對燙煮蔬菜的軟硬度有很大的影響。果膠鎖鍊長度越長，蔬菜就越能保持其硬度；越短果膠越容易溶出，細胞與細胞間的連結也會減弱，蔬菜也因而變軟。

　　蔬菜以中性水或鹼性水燙煮，果膠的鎖鍊結構容易被切斷變短，蔬菜也因而會軟化。但若是在酸性水中燙煮，果膠的鎖鍊結構不易被切斷，蔬菜也因而不容易變軟。因此加入醋來燙煮蓮藕時，完成的蓮藕不會變軟地能保持其爽脆的口感。再加上蓮藕本身含有形成黏稠成分，黏蛋白的蛋白質，在酸性變化下，也會使蓮藕不容易變軟。

　　此外，以檸檬汁取代醋，也可以得到相同的結果。

Q.59

蝦、蟹、章魚等燙煮，
為什麼會變紅？

蝦、蟹等甲殼類的外殼當中，都含有蝦青素（Astaxanthin）。這和紅蘿蔔中含有呈現黃色至紅色的胡蘿蔔素相同，屬於類胡蘿蔔素（carotenoids）之一。

生魚的蝦或蟹，因蝦青素與蛋白質結合，所以不會呈現紅色而是呈現青藍色。但加熱時，蛋白質的變性使得蝦青素與蛋白質分離，而呈現出原來的紅色，所以燙煮後就呈現紅色了。不經燙煮而直接燒烤時，與蛋白質分離的蝦青素更因空氣中的氧氣而產生氧化，轉變成更加鮮艷的蝦紅素（astacin）。

蝦、蟹由青藍色變化至呈紅色，雖然與蛋白質的變性有關，但蛋白質的變性不只會因加熱而產生，在遇到酸性或鮮度降低時也會生成。因此蝦或蟹等沾到醋，或是鮮度降低時也會變紅。

章魚的皮膚表面，存在著稱為眼色素（ommochrome）的色素細胞。眼色素是紫紅色。但是章魚活著時，眼色素因封閉於細胞之中，所以色素細胞的顏色是紅褐色、土黃色和紫黑色。當章魚被燙煮時，色素細胞遇熱受到破壞，眼色素會由細胞中呈現出來，成為原來的紫紅色。

順道一提的是，章魚為了掩避敵人耳目，可以在瞬間變化身體的顏色，則是以伸縮色素細胞來改變顏色。

Q.60
為什麼魚片採用霜降燙法，
可以去除腥臭味？

　　腥臭味或魚腥味的成分，主要是稱爲三甲胺（trimethylamine）的物質和氧化的脂肪。大部分剛捕上岸的魚類幾乎是沒有腥味的，但隨著鮮度的降低就開始出現了魚腥味。三甲胺是由魚類美味成分之一的甲基胺氧化物（trimethylamine N-oxide）被分解而產生。甲基胺氧化物本身是無臭且不含於淡水魚中的成分，但海魚當中，大量存在於魚腹背暗紅色、魚肉較多的紅肉魚或青背魚內。脂肪含量高，魚腹背暗紅色且魚肉較多的鯖魚等，常會特別感覺到魚腥味，就是因鯖魚很容易產生三甲胺與氧化脂肪的原故。淡水魚中不太會感覺到魚腥味的原因，就在於其中不含甲基胺氧化物，所以不會生成三甲胺。

　　三甲胺大多存在於魚類大骨附近的血塊或腹部黏膜上。具有易溶於水的特性，所以用菜刀刮除凝固的血塊或腹部黏膜，並用水清洗，在某個程度上就足以抑制魚腥味了。再加上更具效果的方法，就是霜降燙法。所謂的霜降燙法，是用熱度來凝固表面蛋白質的部分，再立刻放入冰水中的預備處理方式。表面會如同降霜般變白，因此稱爲霜降燙法。殘留的血塊或腹部黏膜會因遇熱而凝固。只要清洗掉凝固的部分，就能簡單地除去腥臭的成分了。另外，藉由燙過熱水也可以使魚類部分脂肪流出，同時在某個程度上抑制住魚腥味。

　　沒有腥臭味的魚肉，在做成生魚片時也會利用霜降的作法。這時霜降的目的，在於利用表面的變熱性，使生魚片呈現出加熱魚肉的特殊口感。讓表面的口感與內側的新鮮魚肉口感，相互烘托出的美味呈現在生魚片上。

Q.61

不加入食鹽燙煮義大利麵，會使麵條失去彈牙口感，
是真的嗎？

　　據說燙煮義大利麵時，加入食鹽可以更強化義大利麵的彈牙口感，但實際上，經由實驗可證明食鹽對於燙煮義大利麵的口感幾乎沒有影響。

　　義大利麵的彈牙口感，是由麵粉以水揉和時，形成稱為麵筋的網狀結構之蛋白質所產生。麵粉和水分揉和，添加鹽分會作用在麵粉中的蛋白質上，使其產生黏性，使得麵筋的網狀結構更加細緻緊密，做出具彈牙口感的義大利麵。一旦麵筋組織已然形成後，燙煮義大利麵時即使添加鹽分，也不會有任何作用了。也就是即使燙煮義大利麵時不加入食鹽，燙煮完成的義大利麵口感也不會因而改變。並且，針對添加鹽分與否對義大利麵溶出的澱粉量來調查，明顯地發現兩者之間並沒有差異。

　　在燙煮義大利麵的熱水中添加鹽分的目的，在於增添義大利麵的鹹味。燙煮熱水中加入1%（1L 水分加入10g 鹽）濃度的食鹽，燙煮出的義大利麵，鹽分含量大約是0.6% 左右。

　　沒有添加食鹽燙煮出的義大利麵，在混拌醬汁時會感覺到水分過多，無法與醬汁融為一體。另外，拌炒後調整鹹度時，也會感覺到鹽分並沒有滲入其中，損及料理整體的風味。

為什麼在沸騰熱水中加入義大利麵的瞬間，
熱水就會開始咕嚕咕嚕地冒泡呢？

在沸騰的熱水中加入義大麵，瞬間咕嚕咕嚕地產生大大的氣泡。這是因為放入義大利麵時，熱水中的水蒸氣趁勢一起冒出所產生的狀態。

水在一大氣壓（大氣壓）之下，溫度達100℃，就會變成水蒸氣。沸騰的熱水溫度達100℃，水蒸氣不僅由表面冒出，內部同時也會產生。也就是有很多在熱水當中，想要變成水蒸氣但又無法變成水蒸氣的水分子。這種狀態下的熱水，加入了附著大量空氣的義大利麵時，空氣會在水中形成氣泡，而熱水中蓄勢待發的水分子，則趁勢進入空氣氣泡的中心成為水蒸氣，咕嚕咕嚕地冒出來。此外，加入義大利麵的同時，因為義大利麵的體積而使水面升高，鍋邊瞬間蒸發的水蒸氣也會形成氣泡，這也是會咕嚕咕嚕冒出氣泡的原因之一。當氣泡和空氣消失，或因蒸發奪走熱量使熱水溫度降低，立刻就能緩和狀況，因此不需要再添加水分。

另外，沸騰的熱水中加入食鹽等材料，因附著於鹽等材料上空氣的影響，會像加入義大利麵般瞬間產生氣泡。

為什麼
義大利麵必須用熱水燙煮？

　　燙煮義大利麵的目的，最重要的就是使義大利麵的澱粉 α 化。澱粉 α 化時需要水和熱量，急速產生 α 化時，溫度約是85~95℃。也因此燙煮義大利麵，「沸騰的熱水」不可或缺。

　　澱粉 α 化的溫度，依澱粉種類而有所不同，小麥澱粉開始 α 化的溫度約是85℃左右，因此即使從冷水開始燙煮，只要時間夠長就會產生 α 化。但當義大利麵的彈性消失，就無法呈現出義大利文中表現美味的「嚼勁 al dente」，也就是「彈牙口感」的狀態了。「具彈牙口感」，就是表面柔軟而中央部分略硬的狀態，是義大利麵表面與中央部分水分量不同所產生。表面部分吸入了水分，所以呈現柔軟狀態，中央部分水分較少，因而成為有嚼感的略硬狀態。

　　燙煮的時間越長，水分就會自義大利麵的表面越往中央部分移動，使中央部分的水分量變多。以粗細約1.8mm的義大利麵，煮5~13分鐘垂直切開其斷面（圖1），可以知道煮5~7分鐘還能看到中央部分白色的麵芯，但8~9分鐘，中央麵芯部分呈斑點狀，煮11分鐘，白色麵芯已經消失了。加熱時間僅增加2~3分鐘，中央白色麵芯的部分就消失了。

　　從冷水開始煮義大利麵，煮至澱粉 α 化需要相當長的時間。長時間燙煮，當然中央部分也會滲入水分，而無法表現出彈牙的嚼勁。為使澱粉 α 化，同時又不要使水分過度滲入麵條中央部分，最好還是以沸騰的熱水來燙煮。另外，放入義大利麵時，溫度會隨之下降，所以加熱至熱水呈現咕嚕咕嚕的冒泡沸騰狀態，溫度完全上升至100℃再燙煮會比較好。

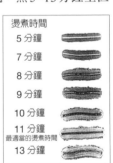

燙煮時間
5 分鐘
7 分鐘
8 分鐘
9 分鐘
10 分鐘
11 分鐘 最適當的燙煮時間
13 分鐘

圖1　燙煮時間與義大利麵芯的狀態（直徑1.8mm 義大利麵的斷面照片）

中心橫貫兩側的線條，就是義大利麵的麵芯。白色線條是表示水分未滲透的狀態。

中町敦子等，日本調理科學會誌，37,151-158（2004）

Q.64

燙煮義大利麵時的火候，要讓熱水噗咕噗咕的小滾，
還是咕嚕咕嚕的沸騰？

　　燙煮義大利麵，非常重要的是當義大利麵放入沸騰的熱水時，為使義大利麵能均勻散開，用筷子等輕輕攪拌，注意火候使熱水的滾動，讓義大麵能自然對流。熱水若能保持沸騰狀態，便能讓義大利麵之間不致沾黏地產生對流，所以保持熱水沸騰的程度是最理想的火候。火候過小時，熱水的溫度會下降而無法產生強烈對流，麵條會下沈，導致麵條間的相互沾黏。

　　為避免義大利麵沾黏，能根根分明地完成燙煮，在燙煮時必須使麵條像游泳般漂浮於熱水中。若以筷子攪動使其漂動於熱水，會對麵條表面造成削切。以電子顯微鏡觀察燙煮好的義大利麵表面，沒有用筷子攪動的表面呈現光滑狀態，而攪動混拌過的麵條表面，有被削切或表面捲翻起來的狀態（圖1）。表面光滑的麵條口感滑順，也更容易均勻地沾裹上醬汁，但表面被削切的麵條，則會失去滑順口感，同時也難以均勻入味。

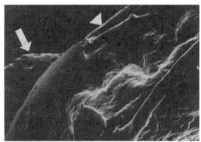
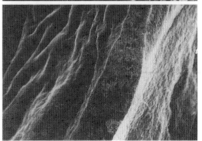

圖1　以掃描式電子顯微鏡照片觀察義大利麵表面

上：以筷子攪動的義大利麵表面
（箭頭是表面削切翻捲的部分）
下：沒有用筷子拌動的義大利麵
表面（組織光滑地呈相同方向）
手崎彰子等，日本家政學會誌，48，
1097-1101（1997）

500μm

Q.65

燙煮馬鈴薯麵疙瘩或白玉湯圓時，
為什麼當中芯熟透時就會浮起來呢？

不僅限於食材，某物質放入水中時，會浮起或下沈，取決於放入物質的比重。4℃的水1cm³（1mℓ）相當於1g，故此時的水分比重為1。此時某物質的比重大於1時會沈入水中，而小於1時則會浮起。

馬鈴薯麵疙瘩（gnochi）或白玉湯圓的主要材料是馬鈴薯、麵粉或米粉等澱粉性食材。馬鈴薯的比重是1.053~1.093。麵粉、米粉與水分混拌後的麵團比重，僅只是粉類重量就比水的比重大。另外水的比重在4℃以上時，溫度越高比重越小（表1）。沸騰的熱水比重是0.9584，所以比重大於1的馬鈴薯麵疙瘩或白玉湯圓等麵團放入時，自然會下沈。

用鍋子加熱水分，當水溫升高時會產生水蒸氣，相同地馬鈴薯麵疙瘩和白玉湯圓等麵團中所含的水分，也會因溫度的升高而有部分變成水蒸氣。隨著麵團煮熟，外觀逐漸膨脹的體積，就是麵團內的水分變成水蒸氣所形成。麵團的重量不變而體積變大時，也就意味著麵團比重變小。中間部分煮熟的馬鈴薯麵疙瘩或白玉湯圓會浮起時，表示麵團比重較100℃的熱水比重0.9584更小。

並且，即使麵團已經浮起，但離火稍加放置後麵團會再度沈入。這是因為水溫下降後，麵團中的水蒸氣再度變成水分，麵團整體的體積減少，麵團的比重再度大於熱水之故。

表1　依溫度而改變的水比重

溫度（℃）	比重
0	0.9999
4	1.0000
20	0.9982
40	0.9922
60	0.9833
80	0.9718
100	0.9584

Q.66

燙煮烏龍麵或細麵時，
為什麼要加入冷水呢？

　　燙煮烏龍麵或細麵的目的，與義大利麵相同，是為使澱粉 α 化。因此為了使澱粉能迅速 α 化，以沸騰熱水來燙煮就是重點（請參照 Q63）。在燙煮烏龍麵或細麵時，會因澱粉的溶出而漸漸產生黏性。此時若是火候過強，熱水會因煮沸而溢出鍋外。抑制熱水溢出鍋外的方法，可以加入冷水使鍋內溫度降低，或是將火候調弱以抑制其沸騰，但火候調弱的方法，幾乎無法改變熱水的溫度（圖1）。添加冷水對於完成狀態的影響，會因麵的粗細而各有不同。像細麵般的粗細，加熱時間不會超過5分鐘，所以不添加冷水而改用減弱火力以保持高溫，使澱粉容易 α 化。沒有充分 α 化的麵條會有粉類的殘留。

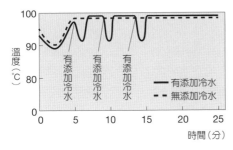

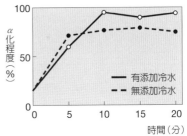

圖1 燙煮熱水的溫度變化　　　　　　**圖2 烏龍麵 α 化程度對燙煮方式的影響**

上述二圖的條件：使用的是熱水1200ml，乾烏龍麵200g。添加冷水量為100ml。
有添加冷水：將乾麵放入沸騰的熱水後，各於4分鐘、9分鐘、14分鐘時添加100ml的冷水。
無添加冷水：將乾麵放入沸騰的熱水後，當其再度沸騰時轉為小火，以較不劇烈的沸騰程度持續加熱。
圖1、2都澀川祥子，鹿兒島女子短期大學紀要，1,2,1（1967）

像烏龍麵般的粗麵，燙煮時表面與中央部分會產生較大的溫差。燙煮時間拉長時，表面因 α 化的進行而變得十分柔軟，但中央部分的 α 化尚未完成，還未變得柔軟，就很容易造成加熱不均的狀況。添加冷水時，會下降熱水溫度，因此可以抑制麵條表面不會過度燙煮，而中央部分也會有熱量不斷持續傳遞著，因此不太容易產生加熱不均的狀況。也就是燙煮像烏龍麵這樣的粗麵時，為了抑制熱水溢出，也為使燙煮狀況更良好地添加冷水，會是比較適合的方法。

順道一提的是，燙煮義大利麵時並沒有聽過需要添加冷水。這是因為義大利麵不太會有熱水沸騰溢出的狀況。因義大利麵中所含的澱粉量較烏龍麵和細麵少，燙煮熱水中溶出的澱粉量少，熱水也不太會產生黏性。

Q.67

燙煮好的烏龍麵用冷水搓洗與否，
會改變其口感及麵條彈性嗎？

　　具有嚼感的烏龍麵，燙煮至表面柔軟而中央部分略有咬勁時完成。也就是表面部分含有較多水分而中央部分水分較少的狀態。

　　剛完成燙煮的烏龍麵，表面的水分含量在90%以上，中央部分則小於65%，其中差異高達25%。但放置1小時後，水分會由表面移入中央部分，因此表面與中央部分水分含量的差異會縮減至15%左右（圖1）。燙煮後，不以冷水搓洗而直接放置，因餘溫而使得烏龍麵的加熱持續進行。如此一來，表面或中央部分都會過度α化，加上水分由表面移至中央，所以烏龍麵的嚼感會因而消失，變成軟爛的麵條。

　　燙煮完成時，若立刻用冷水充分搓洗，烏龍麵的溫度會急遽下降，α化不會持續進行，表面的水分也不容易進入中央。因此就能夠保持彈牙口感。此外，剛燙煮完成的烏龍麵表面，會沾裹著燙煮時溶出的澱粉。充分搓洗就能除去沾黏著的澱粉使其口感滑順。但若是慢吞吞的搓洗反而會使烏龍麵吸收水分而膨脹起來，因此動作迅速進行也是非常重要的步驟。

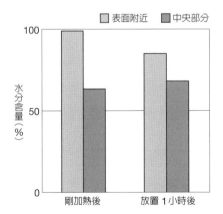

圖1　燙煮麵的水分含量與放置而產生的變化

小島登貴子等，日本食材科學工業會誌，47,142-147
（2000）為參考製作

Q.68

請指導不靠溫度計，
製作出美味溫泉蛋的方法。

　　溫泉蛋是蛋黃與蛋白皆為半熟狀態的料理。將帶殼雞蛋放置於65~70℃的熱水中，靜置約20~30分鐘，蛋黃就會呈現半熟的硬度，蛋白呈現少許白濁且柔軟具流動性的狀態。這就是溫泉蛋。

　　蛋黃到了65℃時，會成為具黏性的糊狀物質，至70℃時就是具黏性的麻糬狀態。也就是蛋黃在65~70℃的範圍內會呈現半熟狀態。另一方面，蛋白從59℃開始凝固，大約在60~75℃的範圍內會呈現半熟狀態。因此，要使蛋黃和蛋白都能呈現半熟狀態，必須將雞蛋的加熱溫度保持在65~70℃之間。

　　理論上，即使不利用溫度計，只要有方法能讓熱水的溫度保持在65~70℃之間，就能夠做出溫泉蛋。最廣為人知的方法，就是將1個雞蛋放入能加入500㎖水，附蓋的大碗當中，將熱水由周圍滿滿地倒入大碗中，蓋上碗蓋放置約20分鐘。當室溫20℃時，熱水倒入碗內溫度會變成85℃。立刻蓋上碗蓋放置15~20分鐘，熱水的溫度約降至65℃左右，這段期間就能製作出溫泉蛋。這個方法的重點在於，使用近100℃高溫的熱水，以及使用有碗蓋、像陶製大碗般具有較大熱容量，溫度不易下降材質的容器。

　　可以自動調溫度的調理器等，也可以活用在溫泉蛋的製作上。像是電鍋將保溫的溫度調整在70℃左右，所以米飯煮好時，將雞蛋放入塑膠袋內一起放置約20~30分鐘，就可以簡單地完成溫泉蛋了。如果不太能接受白飯和雞蛋一起放置的作法，也可以將放至回復室溫的雞蛋放入電鍋內，將手無法放入熱度的熱水（無法將手伸入其中的熱水＝60℃）倒入至足以覆蓋雞蛋的高度，按下保溫按鍵20~30分鐘，就能夠做出溫泉蛋。電鍋保溫的溫度會因機種而略有不同，若是保溫溫度超過70℃的機種，則可以縮短放置的時間。

表1 蛋白、蛋黃的凝固與溫度的關係

溫度	蛋白的狀態 *	蛋黃的狀態 *
55°C	液狀，透明幾乎沒有變化	無變化
57°C	液狀，略帶白濁	無變化
59°C	乳白色，呈半透明果凍狀	無變化
60°C	乳白色，呈半透明果凍狀	無變化
62°C	乳白色，稍呈半透明果凍狀	無變化
63°C	乳白色，稍呈半透明果凍狀	略有黏性，但幾乎沒有變化
65°C	白色，稍呈半透明果凍狀，略可搖動的狀態	具黏性的柔軟糊狀
68°C	白色，果凍狀。略呈固態	具黏性稍硬的糊狀，接近半熟
70°C	略柔軟凝固成形的狀態，但部分仍呈液狀	具黏性的麻糬狀態，半熟狀態
75°C	略柔軟凝固成形的狀態，但已無液狀部分	具彈力的橡膠狀，略硬的半熟狀態。顏色略帶白色。
80°C	完全凝固，堅硬	稍有黏性，可攪散狀態。黃白色
85°C	完全凝固，堅硬	黏性、彈力都變少，可完全攪散。白色增加

＊分開蛋白和蛋黃，各以 5g 放入試管內浸泡 55~90°C的熱水，8 分鐘的狀態變化。

岡村喜美，家庭科教育學會誌，1,21-26(1960)為參考製成

溫泉蛋

Q.69

水煮雞蛋的蛋黃有時會略帶淡淡青黑色。
為什麼呢？

　　雞蛋在高溫中煮15分鐘以上，蛋黃的表面就會變成暗綠色。變色的僅只有表面而已，無論煮再長的時間，蛋黃內部也不會變成暗綠色。即使變色，也不會有害身體。

　　雞蛋中含有胱胺酸（cystine）和甲硫胺酸（methionine）等含硫黃的胺基酸（含硫胺基酸）。含硫胺基酸加熱後被分解，就會產生稱爲硫化氫的氣體。含硫胺基酸在鹼性之下，會比在酸性中更快地進行分解。相較於蛋黃，蛋白之中含有更多含硫胺基酸，再加上蛋黃呈酸性，而蛋白呈鹼性，因此蛋白中的含硫胺基酸會更容易被分解，也因此硫化氫會發生在蛋白之中。另一方面，蛋黃中富含鐵質，鐵與硫化氫反應後，就會產生暗綠色的硫化亞鐵（ferrous sulfide）。水煮蛋的蛋黃外側會變成青黑色，就是因爲蛋白中產生的硫化氫與蛋黃中的鐵結合成硫化亞鐵。此外，變色的部分只有與蛋白接觸的蛋黃表面而已。

　　雞蛋煮好後立刻放入冷水中冷卻，也可以抑制蛋黃表面變成暗綠色。這是因爲急速冷卻時，接近蛋殼方向的壓力降低，在蛋白中產生的硫化氫會朝蛋殼方向移動，而不會達到蛋黃表面。而冷卻也可以抑止硫化氫的產生，硫化氫若沒有與蛋黃表面接觸，就不會產生硫化亞鐵。

　　並且，煎蛋稍加放置後，也會有部分變成暗綠色，這也和水煮蛋一樣，因蛋白產生的硫化氫與蛋黃中的鐵結合，成爲了硫化亞鐵。

Q.70

久放的雞蛋與新鮮的雞蛋燙煮後，
有何不同呢？

　　用久放的雞蛋來製作水煮蛋，雖然沒有煮太久但是蛋黃表面仍呈現出暗綠色。這是因爲雞蛋放久了之後，蛋白的pH值變高（變成鹼性）所導致。剛產下的雞蛋白，因爲二氧化碳溶於其中而呈白濁狀態。這個時間點雞蛋的 pH 值在7.8左右，呈弱鹼性。經過一段時間，蛋白內的二氧化碳由蛋殼上的細小氣孔排出，pH 值升高至9.3，成爲強鹼性（圖1）。也就是雞蛋放得越久鹼性越強。另一方面，蛋黃的 pH 值，即使放置也不太會有變化。蛋黃表面變成暗綠色，是因爲硫化氫與蛋黃中的鐵質結合，成爲硫化亞鐵（ferrous sulfide）所造成的（請參照 Q69）。鹼性越強硫化亞鐵越容易發生，放置越久的雞蛋蛋黃表面也越容易變成暗綠色。

　　大家都知道水煮蛋的蛋殼，相較於新鮮的蛋殼，放置越久的蛋殼越容易剝除。新鮮的雞蛋因蛋殼膜（薄膜）附著在蛋白上，因此煮熟後薄膜也一起凝固，難以與蛋殼分離。但若是放置很久的雞蛋，隨著蛋白的鹼性變強，與蛋殼膜附著的蛋白也越少，蛋殼因而容易剝除。但經過實驗確認，即使是新鮮的雞蛋，以人工使蛋白呈鹼性時，蛋殼也一樣很容易剝除。再加上煮好的雞蛋立即放入冷水中浸泡，雞蛋急速冷卻可以防止蛋殼膜與蛋白緊密貼合，蛋殼也因此而容易剝除。浸泡於冷水的時間約1~2分鐘即可。

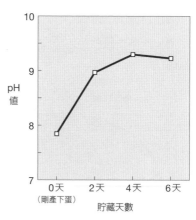

圖1　隨著鮮度的降低，蛋白 pH 值的變化
（保存於25℃的環境下）

田名部尚子等，日本家禽學會誌，17,94-99（1980）

Q.71

由冰箱取出立刻水煮的雞蛋，
為什麼外殼容易產生破裂呢？

　　使用冰箱剛取出的雞蛋製作水煮蛋，在煮的過程中蛋殼會破裂，嚴重時還會有蛋白漏出。這是因為雞蛋內急速因熱膨脹，而蛋殼耐不住壓力之故。無論是什麼樣的物質，加熱後都會膨脹，其中氣體的膨脹比例，較固體或液體更高。雞蛋的圓形面中，具有空氣可以進入稱為氣室的構造（圖1）。隨著雞蛋的久置，水分透過蛋殼表面上萬個小氣孔而蒸發，蒸發掉的部分就會由空氣取代，因此放置越久的雞蛋，氣室越大。

　　雞蛋放入水中加熱，可以看到蛋殼表面出現小小的氣泡。這些氣泡都是因為雞蛋中的空氣受熱膨脹，而由蛋殼表面的氣孔排出所致。與膨脹的體積等量之空氣由氣孔排出時，蛋殼內部的壓力也不會升高，蛋殼也不會產生裂紋。但若是空氣太過急遽膨脹，小小氣孔無法排出膨脹體積等量的空氣，這個時候膨脹的空氣會留在蛋殼內側，使得內部壓力升高，當蛋殼無法承受壓力時，就會由蛋殼較脆弱之處龜裂，而使蛋白由龜裂出流出。

　　冰箱內的溫度約1~10℃，但室溫大約是20~25℃，因此由冰箱內剛取出的雞蛋溫度，相較於放置呈室溫的雞蛋，溫度低了近20℃左右。這

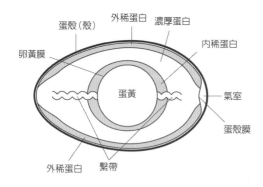

圖1　雞蛋的構造

個溫差就會使雞蛋中空氣的體積增加近7%。再加上煮蛋過程中雞蛋的溫度不斷升高，伴隨著溫度升高，雞蛋內部的空氣膨脹起來，體積也不斷地增加。考量到蛋殼上的氣孔無法一次排出如此大量之空氣，則可在煮蛋前先提高雞蛋的溫度，就能使蛋殼較不容易龜裂。這也是大家都會說保存在冰箱的雞蛋，最好在取出後先放至回復室溫，再開始煮比較好的原因。

要使剛由冰箱取出的雞蛋不會煮至龜裂，可以將雞蛋放在網篩上，先用熱水澆淋再浸泡冷水等，強行提高雞蛋溫度也是一種方法。此外，使雞蛋氣室中的氣體易於排出，使用圖釘在氣室剖分刺出小洞，也是很有效果的方式。

在煮蛋的水中，加入少量的醋或鹽，也可以預防萬一雞蛋龜裂時，蛋白的流出。因為醋和鹽具有凝固蛋白的特性。

Q.72

烹煮蛤蜊湯或蜆湯，
冷水時放入與滾沸後放入風味會不同嗎？

　　蛤蜊湯或蜆湯當中，含有貝類特有的美味及甘甜。蘊釀出貝類特有美好滋味的成分，就是呈現美味的谷胺酸（Glutamic acid），和呈現出甘甜稱為甘胺酸（Glycine）的胺基酸，以及呈現出貝類風味稱為琥珀酸（succinic acid）的有機酸。在烹煮貝類湯品時，是否應於冷水時放入，取決於以湯汁的美味為優先考量，或是以貝類的美味為優先考量。若是以湯汁的美味為優先考量時，為了能將貝類的美味完全釋放出來，應在冷水時放入較佳。若是以貝類的美味來考量時，為避免貝類中的美味全釋放至湯汁中，應該在沸騰後加入較好。

　　貝類與肉類一樣，同為蛋白質食材。蛋白質食材加熱時的要訣，就是高溫加熱，利用熱量使表面儘速凝固，防止內部的美味流失，儘速以短時間來完成烹調。但是若以湯汁的美味為優先考量時，情況就相反了。使貝類的美味成分溶出釋放至湯汁才是目的，以低溫長時間加熱，在表面遇熱凝固前，必須先將內部的美味成分釋放溶出。所以與其待水加熱沸騰後加入，不如在冷水時加入一起受熱比較好。因為美味的成分大多是水溶性成分，從冷水時開始加熱就能讓美味成分充分地釋放出來。

　　實際上，以湯汁中的胺基酸釋出量試驗，來比較貝類在冷水中加入與在沸水中加入的結果，可以明顯得知在冷水中加入時，釋出的胺基酸含量較多（圖1）。這個實驗結果就意味著，在冷水中加入貝類，美味成分都釋放在湯汁中；而在熱水中加入貝類時，美味成分則存留在貝類裡。也可以說若想要品嚐貝類的美味，比較適合在熱水中加入貝類。

　　若是想要兼顧兩者的美味，可以先將一半的貝類放入冷水中加熱，其餘一半用量則是待水煮沸後再加入。

另外，琥珀酸在水中的活貝類身上並不多，必須待貝類死後，或是即使活著也無法再吸入氧氣的狀態下才會蓄存的成分。也就是說，相較於剛捕撈上的貝類，在超市中販售的貝類含有更多琥珀酸。買回家後，再將貝類稍稍放置於空氣中（魚貝類在空氣中無法吸收入氧氣），如此便可再增加琥珀酸的成分。但放置過久會造成貝類的腐壞，必須非常小心留意。

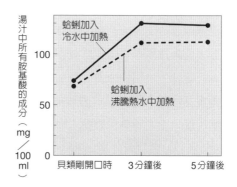

圖1　貝類（蛤蜊）湯汁中美味成分含量的變化

獨立行政法人　農林水產消費技術中心「大眼小眼」第40號
7月號（1998）

Q.73

製作法式高湯，材料應在冷水時放入？
還是水沸騰後放入呢？

所謂的「Fond」，其單字源自於法文，意思是「基本的物質」，在烹調的領域中也就是「高湯」的意思。有利用雞、小牛、野味禽鳥等各式肉類，做為主要材料的法式高湯，使用魚類時則會稱之為「Fumet」。

無論是肉類高湯或是魚類高湯，一般而言都是在冷水中放入材料加熱。沸騰後放入材料，材料表面的蛋白質會遇熱凝固，使得內部無法溶出美味成分。開火加熱前，先暫時將材料浸泡於水中，此時也會釋出美味成分，能讓做出來的高湯更加美味。

此外，肉類中含有各種分解蛋白質或胜肽（peptide）等酵素成分，經由實驗證實，藉由這些酵素的作用，在40℃左右會增加呈現美味的胺基酸，60℃左右會增加胜肽。所謂的胜肽，是由兩個至數十個胺基酸結合而成，也已能確認當胜肽增加時，可以使其他風味更顯香醇圓融。也就是說，材料在冷水時加入，隨著水溫的上升，藉由酵素的作用更能增添美味。

Q.74

**製作法式高湯時，
為什麼火候要保持讓液體表面略微晃動的狀態？**

　　法式料理中的法式高湯 Fond、西式料理中的高湯類 stock，除了具有美味成分之外，更是在其中釋放出了大量膠原蛋白。經由實驗證實，膠原蛋白含量較少的高湯，會感覺到較強的酸味或澀味，而含較多膠原蛋白的高湯，更能感覺其美味及溫和圓融的口感。

　　由材料中釋放出的膠原蛋白等蛋白質的含量，會因加熱溫度而有大幅的差異。試著測定由肉類熬煮出高湯中蛋白質含量，可以得知相較於加熱至 70、80℃，加熱至 92℃時，釋出的蛋白質含量高出了三成以上（圖1）。以高溫加熱，食材中的膠原蛋白等較能大量釋出。另一方面，若持續以近100℃的高溫長時間加熱，高湯中已釋出之肌苷酸等美味成分，也會被分解而減少。也就是過度高溫，高湯的風味反而會變差。因此，製作高湯應維持在85~90℃左右，也就是以保持液體表面稍有晃動程度的溫度加熱即可。

　　持續咕嚕咕嚕劇烈地沸騰加熱，會使得材料釋出的脂肪形成小油滴四散，就是導致高湯混濁的原因。

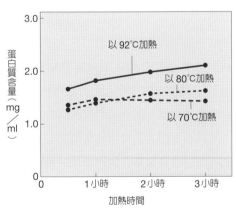

圖1　熬煮溫度對肉類釋出蛋白質含量的影響
田島真理子等，日本家政學會誌，42,877-880(1991)

Q.75

昆布高湯，
與其用水浸泡不如煮沸比較有味道吧？

　　昆布美味成分的本質，就是稱為谷胺酸的一種胺基酸，除此之外還有天門多胺酸（aspartic acid）、丙胺酸（alanine）等胺基酸，加上具甜味稱為甘露醇（mannitol）的糖類，這些成分共同創造出昆布的美味。而在昆布表面的白色粉末就是甘露醇。實際上，在釋出高湯成分時，除了這些美味成分之外，還包含著呈現澀味的海藻多酚，以及昆布特有黏滑感的來源，名為海藻酸的多糖體食物纖維。

　　昆布美味成分主要的谷胺酸，是將昆布浸泡於水或熱水中，浸泡時間越長、或是水溫越高、或是加熱時間越長就能釋出越多。但由昆布釋出的成分，並不僅只有美味成分。也包含黏滑、辛澀以及昆布氣味…等，以高湯而言稱不上好味道的成分，也都會隨著谷胺酸一起釋出。

　　昆布高湯的製作方法雖然也會依昆布種類而有不同，但將昆布暫置於水中，使其不致沸騰地加熱，是一般高湯的製作方法。因為連同昆布一起煮至沸騰，這些氣味、辛澀味及黏性都會一併釋出。

　　另外，也有將昆布放入水中不加熱，以水釋出昆布美味來製作高湯的作法。試著以實驗來查證浸泡水中的時間，和谷胺酸釋出量的關係，可以發現雖然浸泡於水中30分鐘內，谷胺酸的釋出量隨著時間而增加，但經過30分鐘之後，並沒有太大的增幅（圖1）。過度浸泡，反而會將黏性及氣味等釋放出來，因此冷水浸泡的時間也以30分鐘為標準較適當。

　　昆布會因其品質而有等級之分，比較相同種類的昆布，發現一等昆布的谷胺酸含量較多，但也不能一概而論地說含有較大量的谷胺酸，製作出的高湯就會比較美味。當谷胺酸的含量過濃時，反而會讓人覺得過於濃膩，無法與其他的料理搭配。依其用途來決定高湯的製作及使用非常重要。

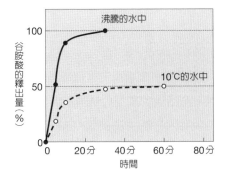

圖1 浸泡昆布所釋出的谷胺酸變化量

甲田道子等，調理科學，23,302-306(1990)為參考製作

Q.76

請指導如何製作出
美味與香氣兼具的鰹魚高湯。

　　鰹魚高湯的風味，是美味成分與香氣成分搭配而成，但依高湯的製作方法，這些成分的釋出方式也會不同。湯品或燉煮用的鰹魚高湯製作方法，都有以下三點共通的原則，①將削切下的鰹魚放入熱水中、②放入後基本上不加熱、③熄火後靜置，待鰹魚片沈澱後瀝取清澈高湯。依循①～③的步驟進行，就能製作出香氣十足且沒有雜質的鰹魚高湯。

　　鰹魚也和昆布相同，越是高溫或是時間越長，越能夠釋放出大量的成分。香氣是揮發物質，因此若過度加熱也會因而耗損消失。此外，鰹魚依溫度不同，釋出的香氣種類也不同。形成鰹魚片香氣的吡嗪類（pyrazine）及煙燻香氣的苯酚類（phenol）等，就被認爲是鰹魚應有的香氣成分，熱水溫度越高越能釋出。

　　爲使美味成分能不斷地釋出又能同時保持其香氣，並避免香氣耗損，因此在高溫熱水中迅速加入並釋出高湯是很重要的步驟。若在高溫的熱水中長時間放置，會釋出澀味及苦味的成分，進而損及高湯的美味。短時間浸泡熱水，就能將鰹魚片中肌苷酸或組胺酸（histidine）等鰹魚美味成分釋出約九成左右。放入鰹魚片後不要加熱，是爲了避免釋出的香氣因而揮發。加入鰹魚片後，熱水溫度若降低，美味成分中的香氣也會不容易釋出，所以有時會視情況而略微加溫。即使是略微加溫，若加溫時間超過必要的長度，不僅香氣會揮發，還會釋出澀味及苦味的成分。

　　熄火後，隨著湯汁的滲入，鰹魚片會膨脹，比重變大地開始沈澱下來。此時鰹魚片的成分釋出需要一些時間，因此連同高湯一起靜置。但若靜置時間過長，不僅美味成分，連同苦味、澀味也會一起釋放。經過實驗證實，最適當的靜置時間約爲3分鐘左右，這也正好是鰹魚片完全沈澱的時間。

沈入底部的鰹魚片仍飽含湯汁，必須注意的是擰絞鰹魚片，也會因而釋出苦澀味道。與其過濾包含沈入底部的鰹魚片，不如直接舀取沈澱後上方清澈的高湯，這樣才能真正取得澄清且不含雜質的美味高湯。若是以過濾方式來取得高湯，也請務必不要擰絞鰹魚片。

Q.77

魚片厚度不同，
提引出美味的方法也會有異嗎？

製作高湯時使用的「節 bushi」，以鰹魚爲首，還有鮪魚、鯖魚、沙丁魚等各式各樣，可燻製成節 bushi，而削切成片時，可以大致分成薄片及厚片。日本農林省規格（JAS）中規定薄片是指 0.2mm 以下，而厚片是指超過 0.2mm 以上。實際上市售薄片的厚度大約是 0.03~0.1mm 左右，而厚片則是 0.3~1.0mm，也有厚至 1.5mm 的削切魚片。因削切魚片的厚度不同，高湯的取得方法也會隨之改變，風味也自然各異。

清澈高湯般適合用於極清淡料理的削切魚片，通常會使用薄削切片。薄削切片只要短時間浸泡於熱水中，就能迅速地釋出美味成分。另一方面，像是用於蕎麥麵高湯般，會混合多種調味料、或是用於濃郁風味的料理高湯，大多會使用厚削切片。厚削切片，越是厚片，美味成分越是不易釋出，加熱時間必須拉長。

加熱時間越長，不只是削切魚片中的美味成分，連同澀味及苦味等旁雜的成分也會隨之釋出。厚削切片因加熱的時間變長，結果就成爲美味之中混雜著其他風味，味道變得深沈濃郁。只是加熱時間越長，並不是只有美味成分變多而已。根據比較薄削切片與厚削切片所釋出的濃縮成分，與肌苷酸含量的調查，濃縮精華成分會因加熱時間拉長而增加，美味成分的肌苷酸含量，無論是薄削切片或厚削切片，都只增加至某個時間點而已，超過這個時間點後反而呈現減少的傾向。會揮發的香氣成分，也是隨著時間拉長而減少。依削切魚片的厚度，各有其最適度能提引出美味的加熱時間。

想要製作出風味較濃郁的高湯，或許大家會覺得從最初浸泡削切魚片時，將水分用量減半即可，但其實相對於水分若削切魚片增加，因浸透壓的關係，反而會使成分不易釋出。經實驗證明，即使削切魚片的用量相同，增加最初相對於削切魚片的水分用量，接著再使水分蒸發的製作方法，可以得到含有較多美味成分的高湯。

Q.78
如何不造成豆腐內部孔洞，
完成柔嫩口感的製作加熱法嗎？

　　在水中或湯汁中加熱豆腐時，豆腐的內部或表面會產生圓形孔洞。雖然最初都是很細小的孔洞，但隨著豆腐溫度的升高，孔洞也會越來越大，最後就由此形成了龜裂。這些孔洞現象就稱為「氣孔」或「蜂眼窩」。這樣的「氣孔」，是因豆腐中所含的水分，蒸發所產生。湯豆腐、鍋物等過度加熱時，豆腐上就會形成氣孔，使豆腐滑順的口感消失，變硬。

　　在豆漿中，添加含有氯化鈣或氯化鎂的凝固劑製作而成，就是豆腐。這是利用大豆蛋白質與鈣離子（Ca^{2+}）及鎂離子（Mg^{2+}）等二價金屬離子結合，產生凝固的特性來製作。豆腐雖然是固體，但其中含有近90%的水分。就像是海綿吸飽了水分般，水分被封鎖在凝固了的大豆蛋白質間隙當中。水分當中含有無法與大豆蛋白質結合的鈣離子等。為使豆腐凝固而添加的鈣離子，其中不到20%與大豆蛋白質結合，其餘大於80%無法結合的鈣離子，就以遊離形態存在於豆腐的水分之中。

　　豆腐加熱後，金屬離子就開始動作活躍起來，金屬離子與大豆蛋白質不斷地結合。這樣的狀態與在豆漿中加入超過適量凝固劑的狀態相同，豆腐會縮小變硬。豆腐中所產生的水蒸氣，因無法由變硬的豆腐中排出，所

產生「氣孔」的豆腐

以就會成為不斷變大的氣泡。而當氣泡終於掙脫出變硬的豆腐，向外排出時，就是破裂般的龜裂狀況了。

　　為了防止豆腐「氣乳」的產生，必須避免將豆腐溫度升高至超過必要的程度。例如湯豆腐等，可以在豆腐下方墊放昆布等食材，是緩和鍋底直

接傳熱的一種方法。或是添加0.5~1%程度的食鹽也能發揮其效果。食鹽當中含有鈉離子，可以妨害二價金屬離子與蛋白質結合，使豆腐不易變硬，也比較不容易形成「氣孔」。這可由添加含有味噌或醬油等鹽分調味料的湯汁中，豆腐並沒有變硬，而得到印證。

三價鐵離子或鋁離子，比二價鈣離子固化豆腐的作用更強，只要有一點點這樣的金屬離子存在，豆腐就會變硬了。因此豆腐料理時若使用鐵鍋就更必須多加留意了。

高湯的種類與美味的種類－
高湯曾經是日本人礦物質的供給來源

　　所謂的高湯，是由動物性或植物性材料中熬煮出來，或是用水浸泡取出其美味成分的湯汁。美味成分可以分為胺基酸類和核酸類，提到胺基酸類首先想到的是昆布中最主要的美味成分－谷胺酸；而核酸類的代表，就是廣為人知鰹魚削切片中主要的美味成分－肌苷酸。日本高湯材料，最常被使用的有鰹魚削切片、昆布、小魚乾、乾香菇等。

　　經常我們可以聽到人家說「一番高湯」，本來所謂的「一番高湯」指的是在高溫熱水中放入鰹魚削切片，提引出其美味的高湯，而「二番高湯」則是一番高湯取出完畢後，再次用水將鰹魚削切片煮出美味成分。但在專門店內，「一番高湯」所指的是同時使用了鰹魚削切片和昆布的高湯。「一番高湯」為活用其香氣，主要用於清澄湯汁時，「二番高湯」則是將其美味及濃郁成分，靈活運用在所有料理之中。將鰹魚和昆布兩大種類的美味成分同時萃取的方式，用於強化美味的考量上，確實是非常適用的方法。同時混合了胺基酸類及核酸類的美味成分，使美味具有加乘的效果。實際上，已經可以確定當昆布的美味成分谷胺酸（濃度0.02%），以及鰹魚削切片的美味成分肌苷酸（濃度0.02%）混合後的美味強度，相當於單純谷胺酸（濃度0.05%）成分高湯的12.5倍。

　　小魚乾高湯，一般來說是使用日本鯷魚或沙丁魚乾來製作。因為較有魚腥味，所以多用於味噌湯等家庭菜色之中，美味成分是肌苷酸或胺基酸類。乾燥香菇的還原湯汁，大都作為素食料理的高湯使用，美味成分是核酸類的鳥糞嘌呤核苷酸（guanylic acid）。鳥糞嘌呤核苷酸與胺基酸類的美味成分－谷胺酸一起使用時，具有美味加乘的效果，所以乾燥香菇高湯與昆布高湯的結合，會成為超強美味的高湯。

在西式料理中，將肉類、骨類及蔬菜一起熬煮，萃取出的動物高湯（Soup Stock），也可以運用在各種料理之中。是由肉類中的肌苷酸、蔬菜中的谷胺酸一起釋出的美味成分，這時也是將核酸類與胺基酸類的混合，使美味更具加乘效果。順道一提的是，中華料理當中，作為高湯材料，與豬肉或雞肉一起加入的還有青蔥，這是因為青蔥中特有的硫化物成分，二烯丙基硫化物（Diallyl Sulfide）具有強烈促進美味的效果。

最近，市售各式各樣的調味料，家庭料理時自行提煉高湯的機會少多了。近年來，日本人的問題在於鈣、鐵、鎂等礦物質攝取不足，有人說這或許是原因之一，因為已經不再直接由食材來提煉高湯所造成。確實由食材來提煉，雖然不多但其中仍含有礦物質和維生素等。無論如何，曾經在日本，以這種形態提煉出的昆布高湯、鰹魚高湯、小魚乾高湯等，都是家庭中常備的基本，更可以確知這也是當時的礦物質來源。

烹調小語－其3

茶的美味與健康的關係

●茶的成分

茶的味道有澀、有苦、有甜，而這些味道恰如其分地調和之後，應運而生的就是美味。表示澀味的成分就是被稱為兒茶素（單寧之一）的多酚，苦味來自咖啡因，而甜味及美味的主要成分就是被稱為茶胺酸（L-Theanine）的胺基酸。其中的兒茶素和茶胺酸就是茶中特有的成分。茶葉所含的成分會因種類、產地、栽培條件和加工條件等，而有所不同。

●泡茶的方法與風味之關係

經常我們會發現即使是相同的茶葉，泡茶方法不同，味道也會完全不同。這是因為熱水的溫度、浸泡的時間，會使含於

表1　茶葉的成分 (mg/g)

種　類	分　類	兒茶素類	咖啡因	茶胺酸
煎　茶　A	綠茶（非發酵）	141.9	27.9	11.0
煎　茶　B	綠茶（非發酵）	105.5	28.8	23.0
凍頂烏龍茶	青茶（半發酵）	133.0	24.2	14.9
鐵　觀　音	青茶（半發酵）	100.1	21.1	3.7
普　洱　茶	黑茶（後發酵）	1.2	25.6	未及0.1

岸弘子等，神奈川縣衛生研究所研究報告，35,30-32（2005）

茶葉中的成分釋出量不同所致。讓人感覺澀味及苦味的咖啡因和兒茶素，當熱水溫度越高其釋出量越大。咖啡因和兒茶素之中，咖啡因會在短時間內充分釋出。泡茶的熱水越高溫，短時間沖出的茶水中，茶葉的苦味和澀味較強，這是因為兒茶素和咖啡因釋出量較多的原故。相反，感覺甘甜美味的茶胺酸，在比較低的溫度中也可以釋出。因此低溫長時間沖泡的冷泡茶等，釋出較多的茶胺酸，少量的兒茶素和咖啡因，所以是比較甘甜美味的茶（表2）。另外，像礦泉水等高硬度[*1]的水，會使得茶葉中的成分不易釋出，並不適合沖泡茶。

●茶的健康效果

近年來的研究中，可以確知兒茶素、咖啡因及茶胺酸不只關乎茶的風味，對健康更有所助益（表3）。特別是關於兒茶素有多方研究確知，具有抑

制轉糖鏈球菌（Streptococcus mutans）的增殖而能夠預防蛀牙，具有抑制膽固醇、中性脂肪和血糖值的升高，也能有效減少體脂肪，具有抗癌作用、抗敏感作用等。此外，關於茶胺酸，則是可以藉由對腦機能的作用而改善睡眠，具舒緩抗壓的效果。

除了這些成分之外，茶葉中還含有很多各類營養成分，其釋出量會因茶葉的種類而有相當大的差異。像是維生素 C，煎茶、玉露和番茶都能在 3 分鐘之內釋出，但相較之下，煎茶茶葉中含有的維生素 C 約有 72%，玉露約有 95%，番茶約只釋出 55%。在日本飲用綠茶的機會較多，所以應該也是藉由綠茶來攝取維生素 C 的吧。

＊1 硬度 表示水中含有鈣、鎂等礦物質的比例和含量的數據。含礦物質較多的水，也就是高硬度的水稱為硬水，反之不太含有礦物質的水，也就是低硬度的水就稱之為軟水。

表2 由茶葉釋出的成分比例

	單寧	咖啡因	茶胺酸
煎茶（80℃、2分鐘內釋出量）	48.5~69.1%	84.8~95.1%	77.7%~94.7%
冷泡煎茶（2℃、2小時內釋出量）	19.1~40.0%	22.4%~49.6%	61.9%~85.8%

米田泰子等，調理科學，27,31-38（1994）為參考製作

表3 茶的成分和對身體的影響

成分名稱	含量（乾燥茶葉內）	可期待的生理機能
兒茶素類	10~18%	抗氧化、防癌、降低膽固醇、抑制血壓、抑制血糖、抗菌、抗病毒、抗敏、預防蛀牙、除臭、減少體脂肪
黃酮醇（flavonol）	0.1~0.6%	增強毛細血管抵抗力、抗氧化、抑制血壓上升、除臭
色素（葉綠素、β 胡蘿蔔素、花青素）	0.6%	防癌、增強免疫活性
咖啡因	2~4%	興奮中樞神經（消除疲勞感、消除睏倦）、強心、利尿、提高代謝
維生素 C	0.2~0.5%	抗氧化、防癌、抗壓力
維生素 E	0.05%	抗氧化、防癌
氟素	30~350ppm（嫩芽）1,000~1,800ppm（老葉）	預防齲齒
鋅	30~75ppm	改善、預防味覺異常、抑制免疫系統低下、改善皮膚炎
胺基酸、胺基化合物類	3~5%	
茶胺酸		放鬆舒緩作用、改善睡眠

第四章　燉煮・熬煮與熱的關係

「燉煮菜大量製作會比較好吃」
這種說法是真的嗎？

　　以經常會聽到「大量製作會比較好吃」的咖哩為例。所謂的大量製作，是材料增加而且使用大鍋製作的意思。使用大鍋時，傳熱方式與使用小鍋不同。隨著鍋具變大，鍋壁也必須足以保持其強度地變厚，鍋具本身就會變得沈重。再加上材料較多時，熱容量（蓄熱能力）也會變大。此時，熱容量不僅來自於鍋具的重量，還與材料的重量有密切關係。熱容量變大，材料的溫度上升也會變慢，而在溫度上升後，溫度能維持穩定，使材料能均勻受熱。再加上熄火後，利用餘溫也能持續穩定加熱，所以材料溫度不易降低。也就是利用大鍋烹煮，材料可以緩慢地長時間均勻受熱。

　　肉類經過緩慢長時間的加熱，較短時間迅速加熱更能在肉汁中釋放出以美味成分為首的各種成分，影響肉類硬度的膠原蛋白也被分解出來，因而肉類會是柔軟美味的狀態，這些是已經被證實的研究結果（圖1）。

　　蔬菜也是經過長時間加熱，會因細胞被破壞而變得柔軟，同時甜味及美味的成分也會被釋放出來。

　　再加上混合了動物性食材中大多含有的美味成分（肌苷酸），和植物性食材中大多含有的美味成分（谷胺酸），讓美味更具相乘的效果，也就是混合了肉類和蔬菜所釋放的美味成分，使得咖哩醬汁的風味更勝一籌。此外，因長時間持續加熱，因此醬汁的風味又能浸入至肉類及蔬菜當中。這應該就是「大量製作比較好吃」的理由吧。

　　只是，大鍋慢煮並非適用於每種場合。像是炊煮米飯時，將電鍋放入滿滿的米來炊煮，就容易煮成沒有彈性又黏糊糊的米飯。這是因為相對於火力，米的容量過大，所以煮至沸騰的時間過長所致（美味米飯炊煮的溫度和時間條件請參照Q32圖1）。使用大鍋炊煮大量米飯，即使用強大火力也很難煮至沸騰，因此下點工夫來縮短煮至沸騰的時間，事先將炊煮米

飯的水煮至沸騰，再加入米粒以熱水炊煮也是一種方法。

　　不要僅只拘泥在「大量製作」上，使用適合材料大小的鍋具和火力，才是烹調美味料理最重要的因素。

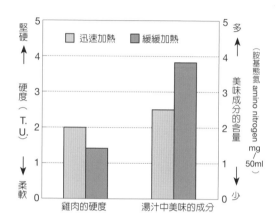

圖1　加熱速度對雞肉與湯汁完成時的影響

畑江敬子等，家政學雜誌，32,515-520（1981）為參考製作

Q.80

肉類和魚貝類
越是燉煮越柔軟嗎？

我們所食用的肉類，主要是動物的肌肉，被稱為肌纖維的細胞，以膠原蛋白將其集合成束的構造。這個肌纖維是由長形纖維狀的肌原纖維蛋白質，和水溶性球狀肌形質蛋白質所構成，是肌原纖維蛋白質之間填滿了肌形質蛋白質的構造（圖1）。肉類加熱時，雖然會先全部煮成柔軟狀態後才會變硬，但肉類在某個程度受熱後，會越煮越軟。

肉類開始加熱至60℃左右，會隨著溫度越高越柔軟（圖2）。一旦肉類溫度超過60℃，肉質又會急遽變硬，等到溫度超過75℃，又會再度變得柔軟。像這樣的硬度變化，是因為構成肌肉組織的三種蛋白質，遇熱時的變性溫度相異所引起。肌原纖維蛋白質遇熱凝固的溫度在45~50℃左右，肌形質蛋白質則是在56~62℃附近。另外，膠原蛋白至65℃，會緊縮成原長度的1/3，持續加熱被分解後才開始膠化。

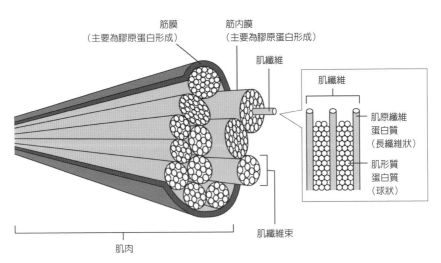

圖1 肉類的構造

開始加熱時，隨著肉類溫度升高，最開始是肌原纖維蛋白質遇熱凝固。此時填滿在肌原纖維蛋白質之間的水溶性肌形質蛋白質尚未凝固，因此肌形質蛋白質還能輕易移動，咬住肉類時仍感覺柔軟。當肉類溫度達到60℃左右，肌形質蛋白質開始遇熱凝固，與肌原纖維蛋白質緊密結合。因肌原纖維蛋白質成為塊狀無法移動，因此咬住肉時會感覺堅硬。再接著加熱至超過65℃，束住肌纖維的膠原蛋白因急速收縮，所以感覺肉類更加堅硬了。但加熱至超過75℃時，膠原蛋白分解，也就是急速地膠化，使得肉類再次成為柔軟狀態。之後越是繼續燉煮，肌纖維束的膠原蛋白的筋膜也會產生膠化，使肉類更形柔軟。長時間燉煮的肉類湯汁冷卻時，會呈現果凍狀，就是分解後的膠原蛋白溶至湯汁內的證明。但燉煮時間過長，膠原蛋白的筋膜溶化後，肉類纖維也會隨之崩壞，而無法保持肉類完整的形狀了。

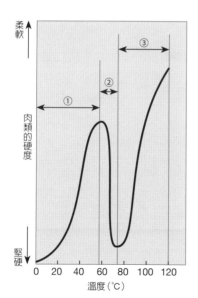

① 肌原纖維蛋白質的熱凝固。肌形質蛋白質仍具流動性因而肉類仍為柔軟狀態。
② 因肌形質蛋白質遇熱凝固，使得肉類變硬。
③ 膠原蛋白遇熱分解呈膠狀，肉類變得柔軟。

圖2 加熱溫度對肉類柔軟度的影響

作者製作

Q.81

不同種類的肉類，
加熱時間會因而有異嗎？

　　說是「肉類」，也有分成牛、豬、雞等家禽畜的肉類或魚肉等，有各種各樣的種類。通常我們稱之為肉類，主要指的是動物的肌肉。「肉」包括肌肉還有脂肪。肌肉，無論肉的種類，基本上都是如 Q80 所敘述的構造。依肉類而改變加熱時間，主要視動物的種類，肌肉中蛋白質組成各不相同所致。

　　試著看看畜肉和魚肉的蛋白質組成（表1），兩者最大的不同之處在於，膠原蛋白等硬蛋白的量。肉類的硬度，受到膠原蛋白等硬蛋白的含量所影響。畜肉之中約含有10倍於魚肉的硬蛋白質，所以食用畜肉會比魚肉硬。膠原蛋白在高溫下，會因長時間的加熱而隨之分解，所以燉煮畜肉時，會越煮越軟（請參照 Q80）。魚肉之中因含較少的膠原蛋白，因此無需長時間加熱，就能煮成柔軟狀態。

表1　畜肉與魚肉的肌肉蛋白質組成比較

種　　　類		肉漿蛋白質		硬蛋白質（膠原蛋白等）
		肌形質蛋白質	肌原纖維蛋白質	
畜　肉	小　牛	24%	51%	25%
	豬	20%	51%	29%
	馬	16%	48%	36%
	兔	28%	52%	16%
魚貝類	鱈　魚	21%	76%	3%
	飛　魚	29%	68%	2%
	比目魚	18~24%	73~79%	3%
	鰤　魚	32%	60%	3%
	鯊　魚	38%	60%	1%
	沙丁魚	34%	62%	2%
	魷　魚	12~20%	77~85%	2~3%
	蛤　蜊	41%	57%	2%

竹內晶昭，「食材材料」，同文書院（1983）

燉煮肉類時，要加熱多少時間會因料理而不同，但若是以肉類煮至柔軟為優先考量，最重要的是要先考慮膠原蛋白的含量。膠原蛋白等硬蛋白質的比例，會因畜肉種類而不同。像是比較豬肉和小牛肉，豬肉的硬蛋白質比例較多，所以要將豬肉燉煮至柔軟，就必須比小牛肉花更長的時間。另一方面，相較於畜肉，魚肉因膠原蛋白較少，所以不太需要考慮膠原蛋白的存在，只要考量如何加熱肌原纖維蛋白質與肌形質蛋白質，以達到心中期待的成品即可。

Q.82

**以低溫油脂「油封」，與以相同溫度的熱水來製作，
有何差異呢？**

　　法式料理中，肉類等材料會用油脂低溫緩緩加熱，以油脂浸漬地保
存，這就是稱為「油封 confit」的烹調方法。但 confit 也可以用在其他像是
糖漬水果或醋漬蔬菜等，雖然具有許多意思，但這裡將其鎖定在以油脂烹
煮的調理方法上。

　　比較用油脂烹煮的油封，和用水烹調的方法，首先是材料的傳熱，用
的是油脂或是水分，對完成時的成品會有很大的差異。食用的肉類，粗略
來說就是肌肉和脂肪的塊狀。構成肌肉的蛋白質中，有些是在烹煮時會隨
之釋出的成分。例如美味成分會溶出於水中，而不會溶於油中。這種情況
下，用水烹煮美味成分會隨之溶出於水分裡，降低了肉類的美味程度，但
若用油烹煮，美味成分不太會溶入油脂內，也就不會由肉類流失。另一方
面，肉類脂肪的融化溫度（熔點）會因肉類的種類而有所不同（表1）。用
油烹煮時，可能會擔心肉類變得油膩，但其實用油烹煮，反而能夠有效地
脫去脂肪，所以並不會有擔心的油膩發生。相反地，以水烹煮時，必須烹
煮至組織被破壞後，才會釋出部分的脂肪，反而會比用油脂烹煮殘留更多
脂肪。

　　也就是說，油封烹煮的肉類，某個程度上會釋出脂肪，而留下較多的
美味成分。再加上，雖然是以比水沸點100℃更低的溫度來加熱，仍會產
生水分的蒸發。換言之，這意味著美味成分會被濃
縮，也更能品嚐到肉類濃郁的滋味。相對於此，同
樣溫度下用熱水烹煮肉類，美味成分會溶於水中，
脂肪也會更加殘留於肉類當中。在水中肉類的味道
不僅沒有濃縮，反而因浸泡在水裡，使得成品的味
道變淡。

表1 肉類脂肪的熔點

種類	熔點
牛	40~50℃
馬	30~43℃
豬	33~46℃
羊	44~55℃
雞	30~32℃

Q.83

為什麼青背魚的腥味要用味噌、醬油、酒和薑等來去除呢？

　　剛捕獲的魚幾乎沒有味道，但當鮮度降低時就開始有腥味產生，隨著時間腥味更重。正如大家所熟知，造成魚腥味的物質，就是三甲胺（請參照 Q60）。

　　味噌中所含有的脂質、蛋白質，是以肉眼無法察覺，稱之爲膠體粒子的微小粒子並分散於水分當中。膠體粒子具有吸附物質的作用，因此使用味噌，就能吸收腥味物質使其不再有味道。牛奶能消除魚腥味，也是因爲牛奶中含有膠體粒子之故。

　　醬油或日本酒，都能對形成魚腥味的三甲胺產生作用，抑制住魚腥味。醬油的 pH 值是 4.6~4.8 左右，日本酒的 pH 值是 4.0~4.2 左右，也就是兩者都呈酸性，能夠中和鹼性的三甲胺，使其成爲無法揮發的物質（不會散布氣味）。葡萄酒、醋、番茄醬、醬汁類、梅乾等，pH 值都在 2.5~4.0 附近的強酸性物質，因此對於消除魚腥味有更大的效果。此外，日本酒所含的成分中，有能與三甲胺結合，使其成爲不會散發氣味的物質，對於抑制魚腥味也非常有幫助。

　　其他的經實驗證明，薑、蔥、月桂、百里香、丁香、葛縷子等，都具有抑制魚腥味的效果。原因在於三甲胺能與這些香味蔬菜或辛香料的精油結合，成爲沒有味道的成分。

Q.84

紅燒魚，
多少煮汁是必要用量？

　　紅燒魚料理，一般都是以少量但口味濃郁的湯汁來燉煮。燉煮時，一方面要將調味料燉煮至入味，另一方面又要顧及將美味成分釋放出來。為了使魚類能大量地將美味成分釋放至湯汁中，因此煮汁必須熬煮至略帶濃稠地能沾裹至魚肉表面，如此才能從食材嚐到醬汁中的美味成分。但若煮汁過多，要熬煮至出現濃稠可能要花很長的時間，而這也是另一問題，就是很容易將魚肉燉煮至鬆散。

　　相較於畜肉，魚的膠原蛋白較少，相對地即使加熱時間不長，也能夠充分煮至柔軟。煮汁過多，熬煮至收汁會使得時間過長，魚類的美味成分也會隨著魚肉湯汁流出。如此一來，美味成分及肉汁流失後，使得魚料理成為乾澀且不夠美味的成品。煮汁較少，能在短時間完成燉煮，還能品嚐到魚肉本身的鮮甜美味。

　　另外，煮汁過多，在燉煮魚的過程中，當魚浮沈於煮汁內，很可能擦撞到魚皮，或隨煮汁上下對流而衝撞到魚肉。煮魚時味道自然不在話下，但也希望能有美味的外觀。煮汁較少，在風味及視覺上都能兼顧，製作出美味的紅燒魚料理。

　　即使煮汁較多，只要用避免產生對流的火候加熱，在煮熟時就先將魚肉取出，其餘湯汁再繼續熬煮收乾，一樣可以在某個程度上煮出美味的魚料理。即使如此，湯汁內煮出的美味成分裡，有些是像肌苷酸般需長時間燉煮才會被分解的物質，短時間就取出完成，煮汁當中的美味成分就會隨之減少。再加上為了將煮汁中的水分收乾，所花費的瓦斯電費就是一種浪費。所以烹調紅燒魚料理，當魚煮熟的同時，湯汁也正收乾至略呈濃稠狀態，不僅美味同時在經濟層面上也最適合。

Q.85

製作燉魚料理，
為什麼要等煮汁沸騰才放入魚？

　　加熱魚等蛋白質食材時的重點，就是使表面儘早凝固，用以鎖住避免內部肉汁流出。因此在紅燒魚料理時，待煮汁沸騰後再放入魚肉。

　　煮汁一旦加熱至沸騰，魚肉在放入的瞬間，表面蛋白質就會凝固。若是煮汁溫度較低，則表面不會凝固，水溶性蛋白質等就會因而溶出。此外，魚內部因熱量的傳遞，約束肌肉細胞的膠原蛋白肌膜會因而收縮，使含於肉汁當中的美味成分因而被釋放出來。此時若是表面未因受熱而凝固，肉汁就會迅速地流入煮汁當中。實際上，依放入魚肉時煮汁的溫度，來進行肉汁流出量變化的調查實驗可知，相較於煮汁為室溫時放入魚肉，在沸騰煮汁時加入，其肉汁的流出量少了約3%左右。只是在沸騰的煮汁中加入魚肉，也並非不用擔心流出肉汁。肉汁流出量，不只在於放入魚肉時的煮汁溫度，放入魚肉後火力的大小也會對其產生影響。魚肉放入煮汁中再次沸騰後，調查其火力影響的實驗證明，可以確認再度沸騰後以小火燉煮，魚肉的重量比加熱前減少了10%，用大火燉煮時約減少20%。特地在煮汁沸騰後加入魚肉，即使表面遇熱凝固，再次沸騰後，若是以大火持續加熱，魚肉的膠原蛋白肌膜會因而急速收縮，導致肉汁擠壓流出，結果，仍會使肉汁流出至煮汁內。

　　也就是說，煮魚必須等煮汁沸騰後再加入魚肉，至再度騰沸後，減弱火力燉煮，才能夠避免美味成分的流失。此外，與其放入切片魚肉，不如放入整條魚燉煮較能抑制肉汁的流失。這是因為即使由魚肉流出，魚皮也仍具有防止其向外流出的效果。

Q.86

製作燉煮料理，
為什麼需要使用落蓋？

所謂的落蓋，並不是指鍋蓋，而是指直接覆蓋在材料上的蓋子。

燉煮料理，食材在煮汁中加熱，這才是要煮熟並入味之時。在少量湯汁中製作燉菜，為使材料全部都能受熱煮熟，同時又想要均勻入味，過程中就必須不斷地上下翻動。否則燉煮狀態及入味程度都無法呈現均勻。但是像是燉煮魚類或南瓜等，上下翻動可能會導致材料破碎崩壞，此時落蓋就能發揮其功用了。

燉煮食材，煮汁會因調味料及食材中溶出的成分而多少產生黏稠。具有黏稠性的湯汁在沸騰狀態中會產生咕嚕咕嚕的氣泡，若是使用落蓋，煮汁的氣泡會傳遞至落蓋內側而擴散，將煮汁均勻推至材料上端，可以保持使食材呈現隨時浸泡在煮汁的狀態，結果就是使全體都能均勻入味。實際上，是否使用落蓋，以滲入馬鈴薯的鹽分量來調查，可以明顯地發現使用落蓋，食材上下部份的鹽分含量差異大幅縮小。

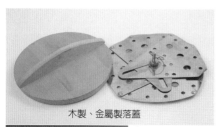

木製、金屬製落蓋

以紙作為落蓋來使用，即使是凹凸不平的材料也能沿著食材將其覆蓋

落蓋的效果不只於此，同時也能在煮汁中按壓住食材，避免煮汁內食材燉煮至崩壞。此外還能夠減少煮汁的蒸發量，即使是少量的煮汁，也能長時間持續加熱，即使是小火也能保持其高溫狀態。

Q.87

落蓋材質的不同，
會影響燉煮料理的成品嗎？

　　落蓋，有木製或金屬製等，也可以用鋁箔紙、紙類或布巾來加以利用。因材質不同，重量形狀也各有特色，完成時也會因而產生差異。

　　若是提及燉煮崩壞，就與落蓋的重量有關。木製或金屬製落蓋因具有重量，當鍋中材料會浮沈、晃動於湯汁內，就能按壓以防止燉煮崩壞。也因為重量，所以煮汁沸騰滾動時也不容易掀動落蓋，同時也不會有燒焦或溢出的情況。但像燉煮南瓜或魚肉等料理，若是使用過重的落蓋，反而會壓壞或使其形狀崩壞，這時就可以改用較輕的鋁箔紙或是紙製落蓋。

　　落蓋的形狀也會影響到料理完成時的成品。若是使用紙或布巾等作為落蓋，因其吸收煮汁，可以隨著食材的形狀覆於表面，在燉煮過程中隨時都能浸泡到煮汁，使味道均勻滲入，最適合用於凹凸不平的薯類，或是接觸到空氣容易產生皺褶的豆類等。木製或金屬製的落蓋因不會吸收湯汁，且表面平坦，直接覆蓋在材料上，可能會因煮汁難以均勻翻動，而有味道不均勻的狀況。

　　依材質不同，使用上的方便性也不同。木製落蓋因不易傳熱，不會像金屬般變熱，方便用手拿取是特徵。反之，燉煮時木材的味道有可能會滲入食材之中。另外，在乾燥狀態下使用，木材會吸收煮汁，使得氣味、顏色和味道都會滲入其中，用於魚類燉煮，也有可能會沾黏到魚皮，所以務必先打濕後再使用。使用完畢後，為避免氣味殘留或發霉，必須立刻仔細清洗並曬乾。

　　鋁箔紙或紙類落蓋，可以在每次使用時配合鍋子形狀來製作。若使用的是不吸水材質，可以做出蒸氣散出孔。紙類落蓋，除了臘紙（parchment paper），還可以使用未漂白的書法用紙或烤盤紙、廚房紙巾等。

Q.88

燉煮料理在放涼的過程裡味道會更加滲入，是真的嗎？
落蓋也要持續蓋著嗎？

水，在溫度升高時會因而膨脹，漸漸體積增加，之後變成水蒸氣時體積會變得更大。食材中的水分也同樣地，在加熱時會膨脹，變成水蒸氣時體積變得更大，將食材的細胞或組織撐開。但是，一旦熄火，食材溫度降低，水的體積又會慢慢縮小回復成原來狀態。食材中水的體積減少，煮汁就會取代地被食材細胞或組織吸收。這一連串的現象，就是大家所說「放涼過程裡味道會更加滲入食材」的原因。

落蓋的效果已於 Q86 中說明了，落蓋的效果之一，使味道容易滲入全體食材，以及抑制水分蒸發以有效保持高溫的好處，在熄火後的冷卻過程中也仍具效果。若是取下落蓋進行冷卻，沒有浸泡到煮汁的食材上部，會因水分蒸發而變得乾燥。此外，水分在蒸發時因需要熱量，所以上部的溫度會漸漸降低。相對於此，食材下部因浸泡著溫熱的煮汁，所以不會變得乾燥，同時鍋子及鍋中煮汁的餘溫，也仍能持續保持在加熱狀態。如此一來，當然食材的上部和下部的受熱程度也會不同。一方面覆蓋著落蓋冷卻，食材上部不易乾燥，不僅只是下部，連上部都能因餘溫而呈現持續加熱的狀態，因此食材上部與下部的受熱程度並不會有太大的差異。

熄火後，有無落蓋，對食材放至冷卻時的入味方式有很大的影響。放涼至冷卻的過程中覆蓋著落蓋，食材上部、下部會以同樣的速度冷卻，不容易產生入味方式的差別。再加上使用了和紙或布巾等，依毛細現象*¹吸收了煮汁能隨食材形狀覆蓋的落蓋，讓食材能維持在浸泡著煮汁的狀態下冷卻，也能讓味道更加均勻滲入。

---

*1 毛細現象　在細長空間內（紙類或布類纖維之間），無關乎重力或上下左右地吸入水分（在此是指煮汁）的現象。

144

加熱製作與利用烤箱製作燉煮料理，
成品會不同嗎？

食材軟化的迅速程度與入味的速度，會因煮汁的溫度和對流的大小而改變。用火加熱與放入烤箱，煮汁溫度與對流大小不同，完成的成品也會因此產生差別。

兩者的傳熱方式如圖1所示。用火加熱燉煮，直接接觸火焰的鍋底附近溫度較高，鍋子上部液面附近的溫度較下部低。因此，下部食材會較早變軟也會充分入味，但上部的情況就稍遜色。另外無論用的火候多小，都會在鍋中引發對流，食材表面會因對流而澆淋上煮汁，角落部分因受熱較多，此處的食材也較容易煮至崩壞。只要煮汁當中略帶著濃稠，就能減緩對流，但也會因為接觸到火焰的鍋底溫度較高，而較容易燒焦。用火加熱燉煮，必須不時地由鍋底翻動食材混拌，除了使整體均勻燉煮之外，也是為了避免鍋底燒焦。

用烤箱燉煮，鍋子整體與烤箱內溫度相同，材料自上下左右均勻地接收到熱量。食材若能完全浸泡於煮汁當中，則無關乎鍋內位置地能均勻入味。此外，因鍋內整體溫度相同，也因此幾乎不會引發對流。所以傳遞至食材的不是對流熱，而是傳導熱。相較於對流熱，傳導熱的熱量傳遞更和緩，食材也可以更穩定地加熱，不用擔心燉煮至崩壞，也不用擔心鍋底燒焦，更不需要在加熱過程中攪拌食材。

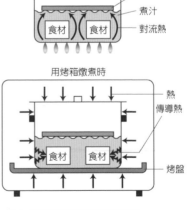

圖1　用火加熱燉煮與用烤箱燉煮，不同的熱量傳遞方式

Q.90

水果加入砂糖燉煮，
為什麼會產生濃稠感呢？

很多水果在大量添加砂糖等糖類熬煮，會煮出濃稠感。在日本這樣熬煮出來的成品一般稱為果醬。會產生濃稠感的原因在於，使用的水果當中含有大量果膠以及酸性成分。因為果膠也被稱為「天然膠化劑」，適量地混合酸與糖加熱後，具有膠質化（果凍化）的特性。

果膠，存在於水果或蔬菜等植物的細胞與細胞之間，具有像糨糊般連結細胞的作用。果膠與酸的含量，會因水果的種類而有所不同（表1）。

再者，即使相同種類的水果，依其成熟狀態，所含果膠的種類也各不相同（表2）。果膠在水果未成熟時，是以不溶於水的原果膠（protopectin）狀態存在。原果膠是稱為半乳糖醛酸（galacturonic acid）之糖鏈連結而成的物質，可以維持細胞的形狀及其硬度。這樣的物質狀態並不會產生膠質化。但是隨著水果的成熟，水果本身所擁有的酵素作用，將半乳糖醛酸分解成水溶性的果膠（果膠酯酸 pectinic acid），水果也因而變軟。當分解成果膠後，若有酸和糖就能使其產生膠質化。隨著水果的成熟過度，過熟，果膠會被分解變化成果膠酸。這樣的果膠酸也不具膠質化能力。

表1　水果的果膠與酸的關係

水果的種類	果膠含量		酸的含量
蘋果、檸檬、柳橙、李子	多	1% 左右	多 0.8~1.2%
無花果、桃子、香蕉			少 0.1%
草莓、杏	少	0.5以下	多 1.0%
葡萄、枇杷、成熟的蘋果	中	0.7左右	中 0.4%
梨、柿、成熟的桃子	少	0.5以下	少 0.1%

山崎清子等，「調理與理論」，同文書院（2003）

表2 水果成熟程度與果膠膠質化的關係

水果成熟程度	果膠的種類	有無膠質化（果凍化）
未　熟	原果膠	不會膠質化
成　熟	果膠（果膠酯酸）	會膠質化
過　熟	果膠酸	不會膠質化

　　適合製作果醬的水分、果膠、酸以及砂糖比例，水分30~35%，果膠0.5~1.5%、酸0.5~1.0%（pH值3.0~3.5）、砂糖50~70%。

　　市售的粉狀果膠是由柑橘類所萃取出，利用這樣的商品，就算是果膠含量較低的水果，也能夠製成果醬。

Q.91

想要製作具透明感的果醬，
製作時的溫度會影響到透明度嗎？

　　果醬的透明感，會因加熱時的砂糖狀態而受到影響。砂糖的狀態，如表1般，會依溫度而有各種變化。具透明感的糖漿狀態，是砂糖加熱至100~150℃的範圍內，而加熱至更高的溫度，會因其再度產生結晶化而不再呈現透明液狀。想要做出具透明感的果醬，重點在於果醬溫度加熱至120~140℃，就必須完成作業。

　　水的沸點在大氣壓力下為100℃，但加入砂糖後沸點會升高（請參照Q45）。沸點會因砂糖使用越多而越高。果醬的糖液濃度為50~70%，糖液濃度50%時沸點為120.0℃，糖液濃度70%時，則升高至160.5℃[1]。砂糖在超過150℃，會再產生結晶，失去透明感成為白色乳霜狀。也就是要使濃度70%的果醬沸騰，溫度就會在150~160℃，所以就無法成為具透明感的果醬。在製作高糖度果醬時，用溫度計正確地量測溫度，加熱至120~140℃，就立刻熄火吧。

　　熄火的時間點也必須多加留意，因為有時鍋中的果醬溫度即使在120~140℃，但接觸鍋底的果醬溫度會更高。直接接觸到爐火的鍋底部分變高，而接觸鍋底的果醬溫度也會隨之升高。即使只有部分果醬超過150℃，但這個部分的砂糖會再度產生結晶。若想要做出具透明感的果醬，在熬煮時必須不斷混拌使整體溫度均勻，是非常重要的步驟。

＊1 假設加入果醬中的砂糖用量較50% 更少，即使如此，持續加熱水分蒸發，砂糖濃度升高，沸點也隨之升高。例如，無論添加的砂糖用量多少，當糖液達120℃，離火，則此時的糖度也必定會達50%。

表1 因砂糖加熱所產生的狀態變化

標準溫度	加熱中的狀態	冷卻後的狀態	攪拌製作成的結晶狀態	用途舉例
100℃	產生細小氣泡（直徑 1~10mm）	流動狀態極佳的液體，立刻能溶於水中	不會出現結晶	糖漿
105℃			具光澤，呈滑順白色霜狀	翻糖（風凍）fondant
110℃	氣泡變多	稍稍冷卻後出現了少許糖絲。呈麥芽糖狀，放入水中也不會凝固		
115℃	鍋面全都出現氣泡	麥芽糖狀，放入水中時會沈入水面，稍加放置後即可溶化	光澤變差，表面略呈粗糙	砂糖衣
120℃	產生黏性，氣泡呈立體狀	呈塊狀，但用手指按壓時會有凹陷	雪白細緻的結晶。表面粗糙	軟心焦糖軟糖（fudge caramel）
125℃		立刻呈塊狀，按壓時會有凹陷	細且硬的結晶，粗粒感	
130℃	緩慢地產生大的氣泡		略粗的結晶	牛軋糖
140℃	氣泡的大小為 5~15mm	稍稍放涼後會產生糖絲	硬且粗的結晶，粗糙堅硬感	糖絲（銀絲）糖花 圓球狀糖果（Drop）
150℃	具有黏性細小氣泡。隱約有顏色	稍稍放涼後，可以拉出長長的糖絲。冷卻後會凝成塊狀，易碎。		
155℃	出現少許顏色		略黃的粗粒結晶，粗糙堅硬感	糖絲（金絲）糖花
160℃	淡黃色	稍稍放涼後，可以拉出長長的糖絲。冷卻即成塊狀，像糖果般易碎。	隱約帶著黃色的粗粒結晶	
170℃	黃色 ~ 黃褐色	放入水中會呈圓形凝固。具香氣	稍呈滑順之結晶。非常堅硬	牛奶糖 焦糖
180℃	淡褐色 ~ 黃褐色	放入水中會擴散溶化。具香氣	不會產生結晶	
190℃				

松元文子，「家政學講座 調理學」，光生館（1982）為參考製作

Q.92

想要漂亮地完成燉煮黑豆，
應該在哪個階段進行調味呢？

　　煮黑豆，加入砂糖等調味料的時間點，會因為採用的是加熱過程中更換煮汁的製作方法，或是不更換煮汁的方法，而有相當大的差異。前者是一直以來傳統的作法，一般是將豆子浸泡在添加小蘇打的水中，使其吸收水分，直接以浸泡過的水（浸泡水）煮至柔軟為止，倒掉煮汁，再次用新的水重新煮至豆類非常柔軟，再添加砂糖後，煮至完成。後者，不更換煮汁的製作方法，是從最開始就先將用量所需的砂糖全部加入浸泡豆類的水中，直接煮至完成。

　　過去傳統使用的方法，似乎都會在浸泡的水中加入小蘇打。這是因為加入小蘇打的水會呈鹼性，可以溶化部分稱為大豆球蛋白（glycinin）的大豆蛋白質（黑豆是大豆的一種），軟化組織使味道容易滲入。過程中倒掉浸泡水煮汁，使用新的水重新熬煮，是因為浸泡水中的小蘇打和豆類的澀味浮渣，會影響到完成時的風味。砂糖在豆類煮軟後，分成2~3次加入，使煮汁中的糖分濃度逐漸升高。糖分濃度逐漸升高，豆類就不容易因表面的急速脫水而產生皺摺，並且也更容易入味。若砂糖全部一次加入，煮汁的糖分濃度一口氣急速上升，會使滲透壓變高，而好不容易吸收了水分膨脹起來的豆類，又會脫水而縮小了。豆類本身縮小，但表皮卻是膨脹狀態，表面就會因而產生皺摺。或是引發強烈的脫水狀態，表面組織變得細緻，但砂糖卻不容易滲入其內部了。

　　不更換煮汁的方法，是事先將砂糖加入浸泡水當中。在豆類浸泡階段，即使加入全部用量的砂糖，也會因水分多而使得糖分濃度不致過高。在煮豆的過程中，隨著水分的逐漸蒸發，煮汁中的糖分濃度也會變高，能使砂糖緩慢地滲入豆類當中，豆類表皮也不會有皺摺產生。

為使豆類能煮得漂亮，不僅表面不能有皺摺或飽滿而已，還必須注意不能將豆類煮至外皮破裂或煮至破損失去原形。經實驗證明，豆類會煮至破損，會因加入砂糖的時間點而有很大的差別，比較以往在過程中添加砂糖的方法，和現在事先於浸泡時加入砂糖的方式，可以確認在過程中添加砂糖的方法，會有15~25%的豆子被煮至破損，而由浸泡階段即加入砂糖的方式，煮至破損的比例約略大於7%，相較之下已經相當少了。在浸泡水中添加砂糖，煮出的成品會略硬，但只要煮的時間拉長，就能使其煮至柔軟了。

Q.93

煮大豆時的驚跳水，
所謂的「驚跳水」是對何事驚跳呢？

　　熬煮乾燥的豆類，加熱過程中添加的冷水又稱爲「驚跳水」。豆子煮至沸騰，加入溫度較低的冷水，豆子會因刺激而使外皮收縮以消除皺摺，又稱爲「皺摺撫平」。多半是在沸騰的煮汁中，約加入豆類二分之一用量的冷水，但加入的冷水會使煮汁急速降溫，外皮因而舒展撫平。

　　驚跳水的效果，會因豆類的種類而有所不同。紅豆的外皮非常堅硬，水分幾乎無法穿透，所以煮汁會由胎座部分滲入內側。在開始沸騰時加入冷水，剛出現膨脹的豆子表皮會因而收縮，表皮從胎座橫向裂開，而水分就會由此不斷地滲入被吸收。紅豆內部子葉的主要成分是澱粉，吸收了水分的澱粉被加熱，會產生 α 化，所以驚跳水加入後，水分會被送至子葉處而使得豆類迅速軟化。

　　另一方面，大豆與紅豆不同，外皮柔軟，因此煮汁可以直接由表皮滲透至內部。此外，大豆子葉的主要成分是蛋白質，不同於紅豆，在煮豆過程中也不會膨脹得很大。也就是表皮藉著熬煮會因而膨脹延展，但內部子葉則沒有那麼膨脹，所以這種相異的性質，使得皺摺因而產生。驚跳水一旦加入水中，就可以讓舒展開的外皮緊縮，消除撫平皺摺，配合子葉的膨脹步調，因而煮出飽滿無皺皮的豆子了。

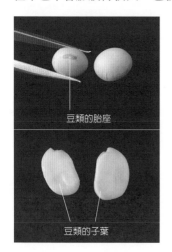

豆類的胎座

豆類的子葉

Q.94

在燉煮食材中添加甜味，
使用砂糖和味醂的效果不同嗎？

　　砂糖或是味醂，都是「甜味」的調味料，只是呈現甜味的糖的種類不同，所以對食材的滲透快慢也有差別。再者，味醂中含有酒精的成分，因為酒精也會影響到糖類的滲透狀態，所以完成的成品也會因而改變。

　　一般我們烹調時使用的砂糖，是由葡萄糖（glucose）和果糖（fructose）所結合的蔗糖（sucrose）。另一方面味醂中雖然含糖量有45%左右，但其中的80~90%是葡萄糖（glucose），其他則是麥芽糖等二糖類、三糖類和寡糖等，含有多種類的糖。即使糖的濃度相同，純粹葡萄糖的甜味也不會像砂糖般強烈。以砂糖與味醂而言，糖本身的味道強度及性質不同，基本上完成時的料理甜度也各有差異。

　　糖類滲入食材的速度，大幅受到糖分子（分子大小）的影響。砂糖是由葡萄糖和果糖所結合而成，當然會比味醂中所含的葡萄糖分子大。也就是相較砂糖和味醂，糖分子較小的味醂會更迅速地滲入材料內部。

　　此外，味醂約含有14%的酒精成分，酒精也具有使食材組織變化的作用。加熱肉類，因蛋白質的熱變性而導致收縮，會使糖分不易滲透。但即使同樣加熱，若其中含有酒精，糖分就能容易地滲入肉類之中了。實際上，單純溶化糖水的煮汁，與在其中添加了3%酒精成分（相對於100mℓ的水，味醂29mℓ時所含的酒精量相同）的煮汁，加熱肉類地進行實驗，可以確認加了酒精，肉類具有較高的保水性，糖的滲透量也較多。用馬鈴薯進行相同的實驗，雖然也同樣證實了酒精有助於糖類的滲透，但是一旦酒精成分過多，例如使用5%酒精含量的煮汁，馬鈴薯的組織會變硬，糖類的滲透反而會變慢。

Q.95

重新加熱味噌湯，
為什麼湯汁會變鹹呢？

　　加熱味噌湯，會感覺口味比剛煮好時更鹹。這並不是因為水分蒸發使鹽分濃縮導致。原因在於分散於味噌湯液體中的膠體粒子（肉眼所無法辨識的微小粒子），因加熱變大所造成。

　　味噌湯中，味噌成分的蛋白質以及分解蛋白質過程中產生的胜肽、脂質等，都以膠體粒子狀態分散在液體當中。味噌湯再加熱，以膠體粒子狀態分散的蛋白質因產生熱變性，因而集中結合成大的塊狀沈澱。膠體粒子具有吸附美味成分等特性，會與溶於液體中的美味成分結合而沈澱，而只殘留下不被膠體粒子吸附的鹽分（鈉離子）。經由實驗可以確認，其中存有美味成分，感覺到的鹹味實際上含量更低。此外，在研究階段中也已明確得知胜肽與濃郁等微妙風味的成分有關。

　　味噌湯再度加熱，或是溶入味噌持續加熱，會使液體中的美味成分和胜肽沈澱而僅留下鹽分，所以會因而感覺到變鹹。

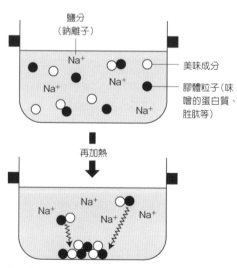

圖1　味噌湯中膠體粒子、美味成分、鹽分的狀態

剛煮好的味噌湯當中，膠體粒子、美味成分、鹽分等分散溶於其中，但再加熱，膠體粒子吸附了美味成分而沈澱，僅留下了鹽分，因此會感覺到變鹹。

烹煮菜飯，
為什麼會煮出米芯略硬的飯呢？

烹煮菜飯，會用鹽和醬油來調味。含有鹽分的米粒吸水性會變差，使得水分無法確實滲透至米粒內部。若沒有水分，就無法進行澱粉 α 化，導致米粒中央部分無法煮至柔軟。加上應該滲入米粒的水分都集中於表面，因此表面的澱粉也會因水分而呈現膨脹狀態。因此，當加入調味料進行菜飯的烹煮，經常會煮出表面黏呼呼，但中央部分卻是口感略硬的成品。

實際上，進行將米粒浸泡在添加醬油或食鹽的水中，其吸水率的實驗（圖1）。吸水時間約1小時，相較於一般的水分，鹽水的吸水率較低，而醬油的吸水率更是明顯地變低。

在炊煮米飯時，水分會滲透至米粒的內部，但添加了調味料時會變得難以滲透。添加醬油，具有抑制因澱粉而具黏性的水分所冒出之氣泡，因而炊煮時蒸發的水分，會比加入鹽分時更少。受到未蒸發的水分和沒有被吸收而殘留水分的影響，添加醬油的菜飯，煮好時特別容易感覺到味道變淡。所以添加醬油時，加入的水分用量經常會比炊煮白飯，再減少10%。

放入調味料炊煮米飯，不會直接將米粒浸泡在加了調味料的水中，而是使米粒先吸收水分，至炊煮前才將調味料加入，如此便能炊煮出膨脹飽滿的菜飯了。

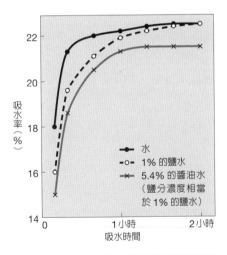

圖1 浸泡水中添加調味料，對米粒吸水狀態的影響
用添加了鹽或醬油的水分浸泡米粒，米粒的吸水性變差。特別是醬油會比食鹽更加抑制水分的吸收。
関千惠子等，調理科學，8,191-200（1975）

Q.97

製作燉飯的米
不要洗比較好嗎？

燉飯，最理想的完成狀態，是每粒米都存留米芯，也就是中央部分的彈牙口感，而輕輕敲叩裝盛燉飯的盤底，米飯會呈現波浪般晃動程度的濃稠感，使得口感更濃滑順口。

米飯的主要成分是澱粉，放入水加熱，會因 α 化而產生黏性。想要讓燉飯以最適當的濃稠狀態完成，重點就在於必須避免米粒在高湯中釋出過多的澱粉。也因此不經過洗米的步驟。

米粒即使不經淘洗，只是略為沖洗就會破碎約1~3%左右（圖1）。米粒表面具有較多的蛋白質和脂質，是使澱粉難以溶出的結構，但內部並沒有這樣的結構，所以澱粉容易溶出。因此只要米粒破碎後，會使澱粉易於溶出，也會使高湯產生黏性。同時，米粒破碎，自然也會失去顆粒的口感。燉飯入口，可以在滑潤可口的湯汁或高湯中，感覺到米飯粒粒分明的嚼感，才是美味的燉飯。米粒破碎，煮出的就是沒有口感的燉飯。

再者，乾燥的米粒，即使只是清洗也會吸入8%左右的水分。澱粉吸收水分後加熱，就會 α 化，水分越少越不易 α 化。也就是清洗且吸收了水分的米粒加熱，米粒中心部分會因 α 化而變得柔軟，而難以做出具米芯嚼勁的狀態。以這層考量而言，使用不淘洗的米粒來製作是非常重要的條件。

圖1 洗過的米粒

左：破損的米　　　右：無破損的米

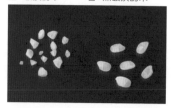

Q.98

製作燉飯，
為什麼米粒要先翻炒過才燉煮呢？

　　燉飯是米飯中留有米芯且具嚼勁的狀態，並以義式高湯 Brodo 或醬汁適度地將米粒煮成整體濃稠的料理。製作燉飯，拌炒米粒的目的，就是為了讓米粒表面包覆上油脂。包覆油脂後，就能容易地烹煮出具嚼感的燉飯，同時也不容易在高湯中釋出過多的黏性。

　　米粒雖然看起來硬且乾燥，但實際上米粒中含有15%的水分。米粒用油脂拌炒，表面的水分會蒸發，而水分蒸發處即由油脂遞補。此時米粒表面的澱粉會與油脂中的遊離脂肪酸結合，在米粒表面形成保護膜。如此一來，在燉煮時，水分就不容易進入米粒內部。沒有水分，澱粉就不易發生 α 化，米飯中央部分就不容易變得柔軟，易於米芯嚼感的形成。並且，表面形成保護膜後，在燉煮時澱粉也不易剝離、高湯中也不太會有澱粉釋出，因此不會出現過多黏性。

　　但若是過度拌炒，燉煮時高湯不會滲入米粒內部，米粒中有過硬的米芯，反之，若是拌炒不足，燉煮時米粒表面的澱粉會溶於高湯之中，做出口感沈重的燉飯。拌炒的程度，會依米的種類、米粒大小等而有不同，所以必須配合使用的米粒來調節火候及拌炒時間。另外，即使拌炒狀況良好，在燉煮過程中，使用刮杓等壓碎或損及米粒表面，澱粉會由米粒中釋出，使高湯變得黏稠，米粒內部也會因滲入過多的高湯而變得過度柔軟，損及口感。因此也必須非常小心留意燉煮時的攪拌方式。

燉煮料理中，

什麼時候放入月桂葉比較恰當？

　　月桂葉（bay leaf）當中含有各種香氣成分。在燉煮料理中加入月桂葉的最佳時間，會視料理所需的香味而有相當大的差別。

　　不僅限於月桂葉，香草或辛香料中具有獨特的香氣。這些使用於料理的目的，都是爲了增添香氣，或是爲了消除魚肉類的腥羶氣味等，使其柔化隱藏住其他的味道。構成香氣的就是被稱爲精油（essential oil）的成分，辛香料中含有各式各樣的精油成分。即使利用同樣的辛香料，但加熱時間不同，其揮發出的精油種類和分量也各不相同，因此產生出的香味也會有微妙的改變。

　　月桂葉中含有最具代表性的精油，是像八角般稱爲桉油醇（cineol）的物質，這種物質占了整體精油的45%。其他還有香氣如丁香般的甲基丁香酚（methyl eugenol）、像胡椒香氣般的 β - 蒎烯（β-pinene）等物質。月桂葉開始加熱，最先揮發出的是 β - 蒎烯，其次是具月桂葉特徵的香氣桉油醇，最後才會揮發出其他的精油。月桂葉特徵的香氣在加熱開始至30分鐘之間出現，超過40分鐘以上，就會出現甲基丁香酚。並且精油會隨著時間而減少，若以加熱開始至1小時之間揮發的精油量爲一，二小時後是五分之一，三小時之後就只剩約二十分之一了（圖1）。

　　精油是蓄存於植物細胞中，細胞被破壞時就會向外散出形成香氣。月桂葉加入料理，可以切碎葉片或是撕碎葉片，藉由破壞細胞而使香氣更容易散發。此外，精油具有溶於油脂或酒精的特性。燉煮時間較短的料理，應該在用油脂拌炒材料時就加入月桂葉，讓香氣成分能儘早且大量釋出。

　　使用辛香料，可以考慮加熱時間及需求的香氣及多寡，以此決定加入的時間點。

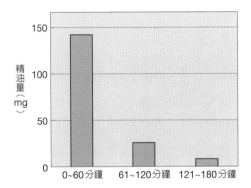

圖1　雞骨湯中月桂葉香氣成分量的變化

月桂葉的香氣在添加後60分鐘之內釋出量最多，之後隨
著時間而顯著減少。

河村フジ子等，家政學雜誌，35,681-686(1984)為參考製作

Q.100

製作奶油燉菜，
為什麼牛奶或鮮奶油要在最後加？

　　奶油燉菜中加入牛奶或鮮奶油，可以讓口感更加滑順圓融，也更能增添風味及濃郁。但牛奶或鮮奶油加入後，若仍持續長時間加熱，脂肪成分會浮出，口感也不再滑順也容易燒焦，無論是外觀或口味都會隨之變差。為避免此種情況，牛奶或鮮奶會在幾乎完成加熱的最後階段才進行添加。

　　牛奶或鮮奶油當中，與鈣質結合稱為酪蛋白（casein）的蛋白質或脂肪球，會以膠體粒子（肉眼所無法辨識之微小粒子）狀態分散於其中。這些膠體粒子在遇光時會加以反射，因此牛奶或鮮奶油看起來呈不透明的白色。此外，因膠體粒子分散於其中，因此會呈現滑順口感，感覺風味柔和醇濃。但牛奶或鮮奶油一旦加熱，蛋白質會產生變性，聚集形成大塊固體，形成脂肪球的蛋白質薄膜的變性，使得脂肪球分子相互融合而變大。如此一來，蛋白質或脂肪就無法再以膠體粒子的形態分散於其中，牛奶會開始產生結塊，鮮奶油則會浮出淡黃色的脂肪成分。這些所謂「分離」的狀態，會損及料理的外觀及風味。此外，當牛奶與蔬菜一同加熱，雖然沒有長時間加熱，但仍出現結塊狀況。這是因為蔬菜中釋出的有機酸與單寧、鹽類等，與牛奶中的蛋白質結合而導致。

　　牛奶長時間加熱，也會產生其特有的加熱氣味。這是因為加熱至80℃以上，牛奶中的蛋白質會被分解，產生硫化氫等具揮發性氣味的物質。加熱氣味，氣味較輕時還能視為牛奶香味，但是氣味過重，就是令人感覺不舒服的味道了。再繼續加熱至90℃以上，會因胺羰反應（amino-carbonyl reaction）而生成稱為黑色素（melanoidins）的褐色物質。黑色素就是焗烤等料理表面形成的焦色，雖然能引人食指大動，但像奶油燉菜般完成時應呈白色的料理還是盡量避免吧。

Q.101

加熱牛奶，
為什麼會膨脹起來？

　　牛奶加熱時表面會形成薄膜。而忽然地膨脹起來，則是因為薄膜下方產生的水蒸氣壓力，撐起薄膜所導致。牛奶的薄膜現象，以其發現者命名，稱為「Ramsden 蘭斯頓現象」。

　　牛奶的溫度變高，當水分開始蒸發，接觸空氣的表面，有部分蛋白質被濃縮且遇熱產生的變性而凝固，再與脂肪球及蛋白質結合，就成了表面薄膜。當牛奶表面形成像被薄膜覆蓋的狀態，蒸發的水氣無法從表面散出。水分變成水蒸氣，會使用很大的熱量，但水蒸氣無法散出，水分無法蒸發時，為了蒸發使用掉的巨大熱量，就轉而讓牛奶溫度更急遽升高，以使水分能夠大量蒸發。當表面薄膜無法承受水蒸氣的巨大壓力，瞬間牛奶就會咻地膨脹起來。

　　脂肪含量越高的牛奶，薄膜開始形成的溫度就越低。經由實驗證實，脂肪成分較多的濃郁牛奶，約是53.8℃，而脂肪較少的脫脂牛奶，會在68.1℃時形成薄膜。邊攪動牛奶邊加熱，薄膜不易產生，是因為攪動時水蒸氣得以適度散出，也不會產生忽然地就膨脹起來的狀況。

加熱牛奶時形成的薄膜，
是由脂肪球和蛋白質相
結合所形成。

明膠或寒天
用多少溫度來煮溶最好？

　　明膠（吉利丁）與寒天，本來都是使用於將液體經由凝固成果凍狀，所以很容易會想成以相同溫度即可使其溶化，但實際上，其成分和煮溶溫度竟是完全不同（表1）。

　　明膠，是將動物的筋、皮或骨骼中所含的膠原蛋白，在水中加熱釋出的物質，成分中有88%是蛋白質。另一方面，寒天則是由石花菜、紅藻等海藻提煉出來，由幾乎無法被消化吸收的水溶性纖維所凝結的塊狀。明膠和寒天都是放在水中還原，再煮溶會變成濃稠的溶膠（SOL），冷卻後膠化而成爲的膠狀物質。所謂的膠狀物質，指的是明膠或寒天粒子，在相互結合所形成較安定的網狀結構中，飽含住液體的狀態（圖1）。

　　明膠在20℃左右開始溶化，但主要成分的膠原蛋白是蛋白質，所以明膠液體加熱超過60℃，會因熱而生產生變性，而難以膠化。放入鍋中直接溶化，必須要很小心避免超過60℃。順道一提的是，60℃的熱水，

表1　寒天與明膠的不同

		寒　　天	明　　膠
原料		海藻（石花菜、紅藻等）	動物骨骼、皮、結締組織
主要成分		食物纖維（多醣類）	蛋白質（膠原蛋白）
參考的溶解溫度		78~97℃	20~30℃
參考的凝固溫度		28~41℃（常溫中凝固）	3~19℃（常溫不易凝固，所以放入冰箱冷卻凝固）
熱量（每100g）		3kcal	344kcal
成爲膠狀物質時的特性	消化吸收	幾乎無法被消化吸收	非常容易被消化吸收
	硬度	硬且脆弱	柔軟具黏著性
	保水性	保水性低，濃度越低越會釋出水分	保水性高，不易釋出水分
	口感	口感較硬，不溶於口	口感滑順，溶於口
	透明度	混濁	透明

在日文又稱爲「手引湯」，就如同字面意思地，當手伸入60℃的熱水，會因"燙"而立即將手縮回的溫度。爲了防止過度加熱的確實作法，就是以50℃左右的熱水，以隔水加熱來進行。

寒天約在80℃左右開始溶化，但在這個溫度下溶化需花相當多的時間，因此會煮至沸騰使其溶化。寒天與明膠不同，冷卻凝固後，經過一段時間會因網狀結構的收縮，而釋出其所含的水分。煮溶的時間越長，膠質化後隨著時間而釋放的水分越少。

表1當中，寒天和明膠的凝固溫度與溶解溫度以範圍標示，這是因爲寒天和明膠會受到濃度、砂糖添加量、pH值和原料不同的影響。寒天或明膠的濃度、砂糖等濃度越高，凝固溫度或融解溫度也越高。

砂糖或鹽的添加量越多，完成時的膠狀物質越硬，添加果汁或醬油等pH值越低，就會變得越柔軟。並且，以在寒天中添加醬油來進行實驗，可以證實得知，最初就加入醬油加熱，會因醬油的酸性而使得膠狀物質因而變軟，寒天溶化後再添加醬油，相較於酸性，鹽分的影響更明顯，故而膠狀物質會變硬。

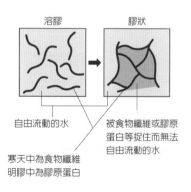

圖1 溶膠與膠狀的結構變化

用太白粉勾芡，
何時才是熄火的最佳時間點？

在烹煮勾芡料理或蛋花湯時，會用水溶化太白粉再加入。當湯汁出現濃稠，若立刻停止加熱就能保持住濃稠狀態，若是持續加熱，濃稠度會隨著加熱而消失，湯汁會再次回復勾芡前的狀態。

太白粉的主要原料，是馬鈴薯澱粉。不僅限於馬鈴薯澱粉中的澱粉粒子，只要在水中加熱，都會膨脹成糊狀。濃稠狀態就是因爲粒子膨脹，相互接觸時如網狀般交錯結合而成。在澱粉粒子膨脹至最大之後，仍然持續加熱，粒子會因而破損，部分損壞、溶化等，使得濃稠狀態因而消失。濃稠狀態消失的這種現象就稱爲「崩壞 breakdown」。

崩壞的狀態，會依澱粉種類而有所差異。澱粉有馬鈴薯、甘薯、葛根般由地下根莖類所取得的地下澱粉，還有米、小麥、玉米等地上作物結實而取得的地上澱粉。地下澱粉的特徵在於澱粉粒子易於膨脹，黏性強，但若是在濃稠後仍持續加熱，濃稠度也會因而消失是其缺點。相較於此，地上澱粉較不易膨脹，在相同濃度的狀況下，濃稠度則較地下澱粉低，但出現濃稠後，即使持續加熱也不太會因而消失，具有安定的特徵。

此外，於勾芡或蛋花湯等使用地下澱粉的太白粉，除了可以加強濃稠度之外，更可在完成時維持湯汁的透明度。使用地上澱粉，透明度低，完成時會有少許的混濁狀況。這是因爲澱粉的形狀和大小不同，再加上雖然少量，但其中仍含有蛋白質或脂質等不純物質所產生的影響。

Q.104

味醂煮至酒精揮發後，
會有什麼效果呢？

　　最初，因釀酒製作而完成的味醂，其酒精含量幾乎與日本酒一樣同為14%，糖約為45%，除此之外，還有胺基酸、有機酸和香氣成分。日本料理當中，常作為增添甜味及美味的調味料來使用。

　　日文中所謂的「煮切」，就是加熱至酒精揮發，消除掉酒精氣味的意思。在酒精可能會影響到料理風味時，就會進行這個作業，例如涼拌或是醋漬等，添加味醂之後不會再加熱的料理，就會先用這樣的手法來製作。

　　煮至酒精揮發的方法，先在鍋中放入味醂加熱使其沸騰是一般常見的作法。酒精的沸點較低約在78.3℃，所以只要煮滾就能使酒精揮發，但視狀況不同，有時也會採用在鍋內點火的作法。經由實驗證明，這樣煮滾揮發酒精的方法，揮發掉的只有酒的部分，其他成分幾乎沒有任何改變。

　　酒精具有促進糖類滲入食材、抑制肉類及蔬菜中成分的流失、防止美味成分溶出及避免食材煮至崩散，還有將食物中不良氣味一起揮發等作用。在燉煮等加熱調理中使用味醂，加熱時酒精會因而揮發，所以就不需先進行煮滾揮發的作業。進行馬鈴薯燉煮實驗中，加入15%味醂的煮汁，從沸騰開始加熱30分鐘後，煮汁當中的酒精成分僅剩0.3~0.4%，食用煮出的料理，幾乎感覺不到酒精的影響。

Q.105
想要取得澄清的牛骨高湯，
為什麼要使用蛋白呢？

牛骨高湯，是用脂肪較少的肉類和洋蔥等具香氣的蔬菜，經過長時間熬煮而成，手續非常繁複的湯品。儘管味道深沈醇厚，但清澄的湯汁更是其特徵。使用蛋白，是為了除去因加熱時由材料中釋出，會造成湯品混濁的浮渣成分。

切成小塊的肉類和蔬菜等材料直接熬煮，會產生浮渣，也會混入由肉類或蔬菜所剝落的部分組織，因此即使過濾，湯汁仍是混濁。但若是將切碎的材料與蛋白充分混拌，加入動物高湯中靜靜地加熱，蛋白會吸附住混濁湯汁的成分並凝固，浮在湯汁表面。當湯汁沸騰，蛋白與材料已經凝固，彷彿蓋子般覆蓋於湯汁表面，而下方就是清澈透明的美味湯品了。

另外，即使利用蛋白，但加熱至沸騰，部分蛋白破碎也會導致混濁。因此在加熱過程中，當液體表面開始出現晃動，就必須轉為小火，如此當蛋白和其他材料一起浮出像蓋子般覆於表面時，用鍋杓（杓子）在中央處做出孔洞，使蒸氣散出。蒸氣有可排出的孔洞，就可以防止因湯汁煮滾而可能會造成部分蛋白破碎等情況了。

混濁的湯汁
也可以利用蛋白來清澈嗎？

　　混濁的湯汁，若是使用蛋白也能讓湯汁變得清澈。這是自古以來日本料理中經常使用的方法。想要清澈砂糖蜜汁或湯汁，先將蛋白加入冷卻的液體中混拌後加熱，接著除去浮起凝固的蛋白，就能得到清澈的液體了。

　　依情況不同，有些即使是加了蛋白也無法消除混濁情況，反而會更加混濁。這種現象是在湯汁傾向鹼性時，容易產生的狀況。實際上，使用以水熬煮雞骨和蔬菜過濾而成的白濁湯汁（pH6.2），進行利用蛋白清澈透明湯汁效果的實驗。水是中性（pH7）的，蛋白 pH 值約 7.5，呈鹼性，所以蛋白加入湯汁時，湯汁也會變成鹼性。如圖 1 所示，蛋白加入湯汁時，湯汁透明度降低，比加入之前更形混濁。這是因為湯汁中 pH 升高，蛋白沒有凝固，膠體粒子（肉眼所無法辨識的微小粒子）分散於其中所致。這個實驗當中湯汁最清澈的條件，是在湯汁中加入醋 0.3%（1L 的水對 3mℓ的醋）和蛋白 3%（1L 的水對近一顆蛋白）之時。什麼都沒有添加時，湯汁的 pH 是 6.2，雖然加入 3% 的雞蛋變成 pH6.9，但加入醋 0.3%，又再次回復成 pH6.2。順道一提的是，醋的濃度在 0.3% 以下，食用時並不會感覺到醋的味道。

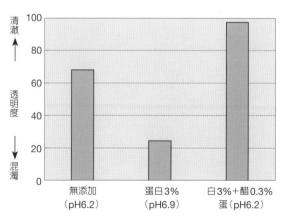

圖1 蛋白對湯汁透明度的影響

蛋白是鹼性物質，因此加入蛋白時湯汁傾向鹼性而產生混濁。其中一旦加入酸性食材醋，中和之後，蛋白產生了包覆浮渣等效果，湯汁因此變得清澈。

河村フジ子等，家政學雜誌，31,716-720（1980）

用蛋白清澈混濁的湯汁，若湯品中含有番茄等蔬菜或紅酒等 pH 值較低的食材（表 1），因湯汁的 pH 值已經很低了，這時可以直接使用蛋白即可。此外，也請儘量使用新鮮的蛋白。剛產下的雞蛋蛋白 pH7.5，經過幾天後 pH 值會升高，產下 4 天後 pH 值會上升至 9.5 左右。

表1　各種食材的 pH 值 *

肉類、魚貝類		調　味　料	
牛肉	5.3	醬汁類	3.3~3.4
豬肉	6.1	番茄加工品	3.9~4.0
雞肉	6.2	醬油	4.2~4.5
蝦子	7.2	味噌	4.6~4.8
酒　精　類		其　　他	
白酒	3.3	鰹魚高湯	5.8
紅酒	3.4	昆布高湯	5.8
日本酒	4.3	蔬菜類	5.5~6.5
釀造醋	2.6	番茄	4.4
味醂	5.9	檸檬	2.4

＊ pH7 是中性，較低時為酸性，較高為鹼性。即使是 pH 值相同的食材，也會因種類等不同而略有差異。表中的數據僅為參考標準。

咖哩放至翌日更美味的理由

　　經常聽到有人說相較於剛煮好的咖哩，放置一～二天後的更好吃。咖哩放置一天後（24小時），會有什麼變化呢？對此研究調查後可以得知，湯汁中的濃稠度增加，有機酸也會增加，但鹽分、糖、美味成分的胺基酸、油脂、辛香料成分等含量卻是減少。湯汁中所含的成分增減，表示在一天當中某些成分由湯汁滲入食材內，且部分也由食材釋放至湯汁當中。

表1　咖哩在放置24小時之間，湯汁中成分的增減

	增減率（%）	變化
黏度	120.9	↗
水分	101.5	↗
脂質	79.7	↘
食鹽	90.4	↘
糖	95.9	↘
酸	116.8	↗
胺基酸	91.5	↘
香氣成分	91.2	↘
辣味成分	88.0	↘

宮奧美行，日本味與匂學会誌，11,157-164
（2004）

　　湯汁中所含的成分量與食用時所感覺的濃郁，並不一定相同。例如雖常聽說「放置一天後的咖哩更增香甜」，但實際上湯汁中含糖量卻是減少。但會感覺到更香甜的原因，在於濃稠黏度增加，使得口中的甘甜度更持久之故。還有「放置一天後的咖哩，口感更柔和美味」。這是因為湯汁味道變化中，辛香料等刺激的香味減弱所影響。使用於咖哩的辛香料成分，大多具有溶於油脂的特性，所以會溶於湯汁的油脂粒子中，也就是溶入油滴內。因此即使湯汁中所含的油脂量相同，但油滴大小的變化，也會讓口感產生變化。油滴越大，

入口時越能感覺到香味，油滴較小就比較無法感覺到香氣。湯汁中油滴的大小會隨著濃稠程度而改變。湯汁不具濃稠度時油滴可自由移動，所以即使加入油脂攪拌，油滴之間也會相互結合成為大油滴。當湯汁出現濃稠狀，油滴就會維持其小滴的原狀。也就是剛烹煮好的咖哩，油滴大但感覺到強烈香氣，但放置一天後的咖哩，油滴變小所以也不容易感覺到香味，反而感覺到的是柔和的口感。

剛烹調好的咖哩與放置一天後的咖哩，哪個比較好吃其實是看個人喜好。如果希望放置一天後仍能有剛做好咖哩般的強烈香氣，可以在製作時，將馬鈴薯（或是像馬鈴薯般容易煮至柔軟散開的材料）從材料中排除即可。如果沒有馬鈴薯，那麼放置一天也不太會產生稠度，油滴可以維持大滴的形狀，因此香氣和滋味都能近似剛烹調好的咖哩。

第五章　燒烤與熱的關係

Q.107

烘烤食材為什麼會出現烘烤色澤？
烘烤色澤與烤焦的差別在哪？

　　烘烤食材，食材表面溫度升高，會引起化學反應而產生褐色物質。食材表面褐色物質集結而成的狀態，一般稱之為「烘烤色澤」。

　　產生出烘烤色澤的化學反應，主要是糖類加熱至100℃以上，會分解而產生褐色的焦糖化反應（請參照P.193），以及因食材中所含糖類與胺基酸，或蛋白質產生製作出黑色素的胺羰反應（也稱為梅納反應）。焦糖化反應中，焦糖布丁的焦糖醬就是最具代表性的反應，烘烤食材時所產生的焦色，大多是因胺羰反應所形成。順道一提的是，胺羰反應即使沒有加熱也會產生。像是常溫貯藏時味噌或醬油顏色的變化，就是由於這個反應所造成。一般來說，化學反應是溫度越高反應進行越迅速，胺羰反應也是如此，溫度每升高10℃，反應速度就會快3~5倍。

　　胺羰反應的進行速度，會因食材中所含糖或胺基酸的種類等而有所不同。再加上pH值、溫度、水以及氧氣等各種重要因素，都與反應有關，因此無法一言以蔽之地說「當溫度到達幾度會出現烘烤色澤」。另外，即使是相同的食材，使用的調味料種類或用量只要有略微不同，烘烤色澤出現的時間也自然不同。但一般而言，可視為當食材表面溫度約在150~200℃的溫度領域，就能烤出烘烤色澤。

　　另一方面關於烤焦，與烘烤色澤之間無法清楚地劃出界線。實際上，以日本與法國女性為調查對象，進行大家對烤色喜好程度的調查。在這個調查中，從五種不同烘烤色澤的法式奶油香煎魚（meunière）的照片中，請大家挑選最喜歡的烘烤色澤（表1），大部分日本人所挑選出的烘烤色澤，對法國女性而言卻覺得烤色不足，日本人幾乎不會挑選近似烤焦般的烘烤色，卻是法國女性覺得喜愛的色澤。另外，再試著以日本人為對象，來比較日本人的喜好，發現感覺最佳的烘烤色澤其實也有些落差。對於「烤

焦」與「適度的烘烤色澤」的感覺因人而異，這應該是因爲對於美味的看法，大幅受到飲食文化及個人飲食經驗的影響所致。

表1 日本及法國女性對食材烘烤色澤的感覺比較表

加熱時間	喜歡的人數（%）	
	日本女性	法國女性
虹鱒製作的法式奶油香煎魚 （以160℃的平底鍋煎烤） 1分鐘	18.6	4.6
1.5分鐘	44.2	32.6
2分鐘	37.2	44.2
3分鐘	0	14.0
5分鐘	0	4.6

畑江敬子等，日本家政學會誌，50,155-162（1999）

當牛排表面烘烤至固結後就能封鎖住美味肉汁，這是真的嗎？

　　一口咬下牛排，滋～地流出的肉汁眞是無法言喻的美味。單純烘烤而成的簡單料理，火候及加熱方式更是左右其美味的關鍵。一般來說烤牛排，最初會使用大火使表面的肉類凝固以防止美味肉汁的滲出，再依個人喜好加熱就是烤牛排時的重點絕竅。用大火烘烤，熱度進入內部之前，表面會因遇熱變性而凝固，所以即使內部因加熱時釋出肉汁，也不致會流失。

　　所謂的肉汁，指的是加熱時由肉類中流出看得到的液體，所以並沒有明確定義的用語。這樣的液體，是因爲美味成分的胺基酸、胜肽以及肌苷酸等核酸相關物質，溶入水分之中，而其中少量的脂肪也混於其中。脂肪本身雖然沒有味道，但已知脂肪會影響到肉汁的味道。肉類在生鮮狀態下，細胞內的蛋白質具有吸收水分的特性，美味成分等會與水分一起爲蛋白質所吸附，所以不是咀嚼程度的力道，無法使肉汁釋放出來。人類對美味成分的感覺，是美味成分溶於水分的狀態下，接觸於舌上味蕾而感覺到的，因此肉汁沒有流出細胞外，生鮮狀態的肉類，無法感覺到美味。一旦加熱後，蛋白質因熱變性而無法與水分結合，吸附於蛋白質的水分產生分離，使得美味成分與肉汁一起流出細胞外。這也是加熱過的肉類得以強烈感覺到美味的原因。

　　在高溫中加熱的肉類表面，蛋白質因熱而凝固，隨著膠原蛋白的緊縮使得表面積縮小，再加上因水分蒸發產生乾燥，所以組織也會變得緊密細緻。表面組織呈緊密細緻狀態，即使熱量傳遞至肉類內部，肉汁因分離而釋出細胞外，也不易流出肉類表面。接著持續加熱至肉類內部溫度超過65℃，膠原蛋白會開始急遽收縮，使肉類的肌纖維（請參照 Q80圖1）緊實，而能釋出肉汁。表面組織，即使在最初加熱時呈緊密狀態，但因持續

加熱會分解結合肌纖維的膠原蛋白組織的一部分，造成部分組織的鬆弛而產生間隙。肉汁不斷地被擠壓流出，因其大量釋出而終究肉汁仍會由間隙向外流。實際上，以剛烘烤完成的漢堡肉，所殘留的肉汁量進行實驗，可確認得知漢堡肉中央部分的溫度達65℃，有大量肉汁存留於其中，但當溫度達75℃，肉汁會由漢堡肉當中流出，因此殘留於其中的肉汁約是66℃時的三分之一（圖1）。

烹調牛排，烘烤至全熟 Well-Done（中央溫度達70℃左右），包含牛排中央部分的肉類全體溫度會達到65℃上，因此肉汁會從牛排整體當中被擠壓流出，即使是已先用大火將表面烘烤至成固態，也無法抑制肉汁的外流。但若是五分熟 Medium（中央溫度達65℃左右），因溫度超過65℃的部分較少，因此被擠壓流出的肉汁量也較少，藉由大火烘烤使表面凝固，在某個程度上能抑制肉汁的外流。

若是想儘可能將肉汁封存保留在肉類當中，除了用大火烘烤使表面凝固之外，肉類內部的溫度管理也十分重要。

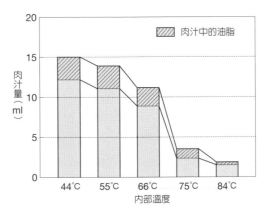

圖1　漢堡肉內部各溫度時之肉汁含量
（漢堡100g/ 個，烘烤溫度230℃）

測定在烘烤完成的漢堡肉上，施以一定壓力時所流出的肉汁量。
渡邊豐子等，日本調理科學會誌，32,288-295（1999）

Q.109

有沒有將烤雞表面
烘烤至美味脆皮的要訣？

烤雞的美味之處，鮮嫩多汁的肉質當然不在話下，但烘烤時雞肉外皮的爽脆口感及香氣，也是美味的一大貢獻。要使外皮烘烤至香脆，非常重要的是 ①烘烤前在整體表面塗抹油脂、 ②放入烤箱前先用平底鍋將表皮烘煎至呈烤色、 ③用烤箱烘烤的過程中，必須不時地將滴落至烤盤上的油脂澆淋至雞肉表皮。這一連串的操作，不止是外皮表面，則外皮內側的脂肪和水分都能排除，使得口感更香脆。

因表皮含有大量脂肪，這些脂肪是以覆蓋於膠原蛋白薄膜的狀態下存在，烤雞沒有經過①和②的處理，直接放入烤箱開始烘烤，隨著表皮的溫度上升、水分蒸發，膠原蛋白也會隨之緊縮起來。若以此狀況持續加熱，就會使外皮表面部分的膠原蛋白，因乾燥緊縮的組織更加緊密細緻。因為雞肉脂肪在30~32℃左右是呈液狀，包覆脂肪的膠原蛋白薄膜一旦被破壞，就會製造油脂逸出的路徑，脂肪會由此而流至表皮外。另一方面，膠原蛋白組織變得緊密細緻後，內側的脂肪和水分向外散出的路徑因而被阻塞，無法向外排出。仔細觀察烘烤後沒有呈現香酥脆口表皮部分的剖面圖，可以發現外皮表面部分形成堅硬的膠原蛋白膜，而其下方則是封鎖住了的脂肪成分。

相對於此，放入烤箱前若是先用平底鍋高溫烘煎，外皮表面溫度急遽升高，表面部分的膠原蛋白一股作氣地收縮，可以想像其外皮組織細胞有部分被破壞。表皮的細胞組織被破壞後，藉著烤箱的加熱，使全體外皮溫度升高，而全體外皮膠原蛋白縮收的同時，外皮內側的脂肪成為液狀，從脂肪組織中被擠壓並由外皮表面流出。在外皮內部脂肪向外流出後仍持續加熱，水分也隨之流失，因此表皮的溫度會更加升高。其結果就是支撐外皮組織的膠原蛋白，因乾燥與熱度而有部分被分解，因此產生香脆口感。

全雞本身因雞肉的凹凸，因此有些部分無法用平底鍋烘煎出焦色。但若能在雞肉全體塗抹油脂，放入烤箱加熱，油脂薄膜可以抑制水分的蒸發，也能防止沒有烘煎出烤色部分的膠原蛋白，因乾燥收縮而使組織變得緊密細緻。再加上烘烤時，不斷地用湯匙舀起烤盤上的油脂澆淋重點部位，讓表皮如同以高溫油炸般，排出內側脂肪和水分而能形成香脆的外皮。

羔羊肉特別纖細，所以更需要烘烤技巧，
為什麼呢？

羊脂肪，融點較其他動物脂肪高出相當多，約會在44~55℃間融化（請參照 Q82表1）。這表示羊脂肪在低於44~55℃，會呈現白色固體狀態。這個44~55℃的溫度，無論是食用上或是加熱上，都會出現具有重大影響的溫度。食用上，肉類溫度偏低時脂肪會呈固狀，影響口感。當肉類加熱，在40~60℃附近，雖然肉類會產生蛋白質變性，但脂肪融點若低於此溫度，脂肪並沒有區別地，隨著肉類的蛋白質變性而成為焦點地加熱。但當肉類為羊肉時，蛋白質變性溫度與脂肪融點非常接近，因此烘烤完成後至最後肉類端上桌被食用為止，必須連同下降的溫度一起考量，在溫度控管上就十分困難了。

人類對食材風味的感知溫度，被認定大約是以體溫為基準增減25~30℃。也可以說當肉類入口時，會感覺美味的溫度上限為60~65℃左右。肉類的美味程度，雖然脂肪有相當大的貢獻，但脂肪在美味感知上的貢獻，其前提是脂肪為融化狀態狀之下，當脂肪呈白色固狀時，反而會損及肉類的美味。人體溫度約為37℃左右，若羊肉溫度變低，脂肪也會隨之凝成固狀，因此食用羊肉，這也是必須考量的重點。

如 Q80所敘述，烘烤肉類的硬度，會大幅受到纖維狀的肌原纖維蛋白質與水溶性的球狀肌形質蛋白質，還有膠原蛋白等硬蛋白質，因熱而產生變性的影響，加熱終了時的溫度越高，肉質越硬，也越會失去其多汁美味的口感。

想要烘烤出多汁美味的羊肉，肉類的內部溫度必須達到脂肪融點44~55℃以上，但又必須是肉質不致變硬的溫度，因此最理想的溫度是60℃以下。例如，使用脂肪融點為55℃的羊肉，

烘烤完成時的肉類盛盤，入口時的溫度，就必須小幅控制在55~60℃

之間。因此，若使用的是相較於羊肉脂肪融點較低，僅爲33℃的豬肉，只要將入口溫度大範圍地控制在33~60℃之間即可。也就是與其他肉類相比，羊肉烘烤完成的適溫範圍較窄，所以才會說羊肉更需要烹調技巧。這也是羊肉被認爲處理必須「纖細」的原故。

脂肪的融點，即使是相同的動物，也會因年齡、性別、飼料以及飼育環境的溫度等，而各不相同。與羊同爲反芻動物的牛，以其飼育月分不同，來比較其脂肪融點時（表1），可以得知飼育月分越少、越年輕的牛隻，其脂肪融點越高。羊隻的脂肪融點也可想見，羔羊（lamb）會比成羊（mutton）高。也可以說，即使是羊肉，烹調羔羊肉時會更具難度。

表1　伴隨黑毛和牛的發育而產生脂肪融點的變化

部位	年齡	
	14個月	20個月
皮下脂肪	35.6℃	25.9℃
肌間脂肪	40.7℃	35.5℃
腎脂肪	46.6℃	41.0℃

三橋忠由等，農林水產省中國農業試驗場研究報告書，2,43-51（1988）

Q.111

烘烤肉類和魚類，
撒鹽方式會改變風味嗎？

　　蛋白質食材的肉類和魚類，含有大量的美味成分。因鹽具有強烈提升美味效果的作用，所以在肉類或魚類中加入鹽，更添美味。鹽分具有因滲透壓而能釋放出水分、凝結蛋白質的作用。想要將這些作用發揮在肉類或魚類時，因肉類與魚類的硬度及氣味大不相同，鹽的撒放方式也會隨之不同。

　　撒放鹽分後，會因滲透壓而使魚類或肉類因而釋出水分。撒放的鹽量，肉類約為重量的1%，魚類則是肉類的2倍，約為2%。撒放1%以上的鹽量，肉類或魚類表面就成為被鹽水覆蓋的狀態。鹽分在因滲透壓而將肉類或魚類的水分釋出的同時，會因蛋白質溶於其中而成為具黏性的溶膠*1（SOL）。這樣的溶膠直接放置，會成為具有彈力的凝膠*2（GEL）。因此，在肉類或魚類上撒鹽，會使肉質緊實且產生彈力。鹽分這樣的作用，很適合肉質柔軟且含大量水分的魚類，但對肉質較硬含水分較少的肉類，就沒那麼適合。再者魚類撒放鹽分，含有魚腥味的三甲胺成分等也會一起溶於水分之中，因此鹽分也具有消除腥臭的作用。因此在烤魚時，會撒上較多的食鹽並放置20~30分鐘後，除去其水分再烘烤。肉類則與魚類相反，鹽分的脫水作用會損及其美味，因此撒上鹽分後會立刻烘烤。

　　即使同為魚類，在表皮上撒鹽與在魚肉上直接撒鹽，鹽的滲透速度並不相同。實際上，針對剖開對切的虹鱒，在其表皮上或是魚肉上直接撒放食鹽（重量的2%），進行鹽分對魚類滲透速度的實驗，可以確實得知，在魚肉上撒放食鹽15分鐘，滲透的食鹽量與在表皮撒放30分鐘的滲透量幾乎相同（圖1）。由此可知鹽分撒放在魚肉上，短時間即可達到效果，整條魚鹽烤時在表面撒放食鹽，就必須放置較長的時間。

*1 溶膠　液體中分散著微粒子的狀態。

*2 凝膠　溶膠凝固成果凍狀的物質。

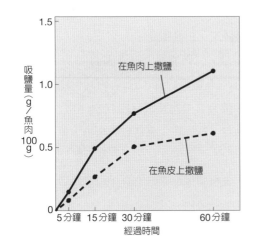

圖1　魚類（虹鱒）依時間所吸鹽量的變化

上柳富美子，日本家政學會誌，41,621-628（1990）

使用澄清奶油來烘烤，
為什麼不容易烤出色澤？

肉類、魚類和蔬菜等，以奶油烘烤，會產生香氣及獨特的濃郁美味，更增添料理之美。但是與油炸或熱炒時經常使用的植物油脂不同，奶油更容易燒焦，無法使用於高溫加熱的料理，也是事實。

植物油脂的成分是100%的脂質，但奶油當中脂質佔81~83%、其他包括：水分約16%、蛋白質約0.6%、乳糖則約含0.2%。奶油會比植物油更易焦化的原因，在於加熱時這些成分會引起胺羰反應（請參照Q107），形成褐色物質。適度地產生褐色物質，會成為大家喜歡的焦色，但過度產生時就變成燒焦了。所謂的澄清奶油 Clarified Butter，指的是從奶油中除去蛋白質和乳糖等成分，沒有了引發胺羰反應的物質，也無法製造褐色物質，當然也不容易形成烘烤色澤。

以40℃左右的低溫緩慢地融化奶油，奶油會融化成三層（圖1）。最上層是稱為酪蛋白的乳蛋白質與氣泡一起浮在表面，最下層的白色溶入了蛋白質和乳糖。中間部分清澈金黃色的就是乳脂肪層，也就是脂質，也被稱為「澄清奶油」。法式奶油香煎魚（meuniere）等使用澄清奶油，即使長時間高溫加熱，也不容易燒焦，當材料中央部分加熱至熟透後，還能適度出現烤色的原故。

烘烤肉類，視其狀況有時也會將奶油與植物油一起併用。這是因為用植物油稀釋奶油，較不易產生胺羰反應，而抑制奶油容易焦化的缺點。

圖1 形成三層狀態的融化奶油

奶油融化時會形成三層的狀態，中央部分是金黃色的澄清奶油，下方是溶入蛋白質和乳糖的白色，上層則是連同氣泡一起浮在表面的酪蛋白。

Q.113

烘烤切成塊狀的魚片，
要從魚皮那面開始烤嗎？

　　烤魚的美味，魚類本身的風味自是不在話下，但盛盤時的視覺美感也是感覺美味的一大貢獻。烤魚，「盛盤時的那一面先行烘烤」是基本原則。切塊的魚片在盛盤時，是以魚皮部分為表面，魚肉部分為內側，所以會先從魚皮部分開始進行烘烤。

　　首先，讓我們一起來看看烤魚時會產生什麼樣的變化。說到烤魚，首先想到的就是過去以碳火等來烘烤，也就是熱源在下，而烘烤時最先受熱的是魚片的下方。當使用魚網烤魚時，最初是朝下的方向開始加熱，蛋白遇熱變性凝固的同時，下方表面部分因水分蒸發而烤至乾燥。此時魚片上方並未熟透。接著翻面，開始加熱向未熟透的那一面，與先前的烘烤相同，魚肉會因熱凝固，表面也變得乾燥。此時最大的重點，在於前先烘烤的魚肉部分，會因餘溫而繼續向下傳遞熱量，蛋白質的熱變性仍在持續之中。魚肉溫度變高，肉汁也會因而流出。流出的肉汁與脂肪因重力而向下滴落。如此一來，翻面後烘烤的那一面，會接受到上方流下的肉汁，所以表面不易乾燥，或是會因肉汁等滴入熱源燃燒，使煤灰污染到魚肉。也可以簡單地說是，翻面後烘烤面的外觀，不如最初烘烤的那一面。因此，常有人會說烤魚時「盛盤時的那一面先行烘烤」，或是「由魚皮開始烘烤」。

　　採用上火式的烤魚網架烘烤，因為熱源在上，因此盛盤時放於底部的部位，也就是魚肉面先行烘烤。若是先烘烤魚皮面，翻面烘烤時流出的湯汁，可能影響表面的美觀，同時也能避免表皮的乾燥。只是先烤魚肉面，烘烤過程中，魚皮中的膠原蛋白成分，可能會因收縮而導致表皮部分的變形。變形的魚皮，即使重新烘烤也無法回復，美觀也會受到影響。

Q.114
據說烤魚要用遠距強烈碳火烤比較好，
為什麼？

　　美味的烤魚是指烘烤完成時，魚皮適度地烤出焦脆，魚肉不乾澀地呈現美味多汁的狀態。爲了能烘烤出這樣的狀態，重點就在於及早迅速地使表面蛋白質因熱凝固，儘可能避免湯汁流出。魚皮烘烤至適度焦脆的溫度，會因魚的種類而有所不同，但表面溫度大約在150~200℃左右，內部依喜好地完成美味多汁的溫度，約是65~80℃左右。因此，想要烘烤出美味的烤魚，能完成食材表面與內部溫度差異很大的熱傳導方式，也就是輻射熱會是最適合的加熱法。對流熱比較無法烘烤出美味的成品。

　　用碳火烤的魚會比較美味，是因爲碳火是以高輻射熱效果來完成。強大碳火的火力，且使魚與碳火保持略遠的距離，也就是可以藉由「強烈遠距碳火」的輻射熱來完成烘烤。但若是近距離地使用較小碳火來烘烤，也就是「近距離小火」，則無法烘烤出同等的美味。因爲以近距離的小火，魚肉所接收到的不只是碳火所產生的輻射熱，還有碳火周圍溫熱空氣中所產生的對流熱。

Q.115

用金屬叉串肉類烘烤，
可以讓肉更快熟嗎？

　　金屬的熱傳導率大，是種可以充分傳熱的物質。當食材以金屬叉串起烘烤時，露出在食材外的金屬也會被一起加熱，這個熱量也會傳至食材內部。金屬叉串起烘烤，食材不僅是表面加熱，連同內部也會同時被加熱。因此，能夠迅速地烤熟食物，縮短加熱時間。

　　串燒料理，在法國稱之為串烤（Brockhette）。這個串烤的語源來自法文中串烤意思的 Brocke 而來。以土耳其為首的中近東國家，也有西西卡巴（Sis kebabi）。西西（Sis）是土耳其語串或劍的意思，而 kababi 則是燒肉的意思。

　　為能將肉類加熱至柔軟狀態，重點就在於肉類的溫度不能過高，大約停留在65℃左右。燒烤肉類，肉類表面會有來自外部熱源的輻射熱、對流熱及傳導熱，肉類內部則是由表面的傳導熱來傳遞熱量。表面至內部熱量傳遞速度較慢，因此烘烤較大的塊狀肉，在加熱時表面附近的溫度會優先超過65℃，該部位就會因而變硬。但若是以金屬叉串烤，中央部分除了由表面的傳導熱之外，還有來自金屬叉的傳導熱，所以即使加熱時間短，但中央溫度升高較快，所以也會減少肉類變硬的部分，烘烤出整體美味柔軟的烤肉。

　　不只是烘烤大塊肉類，即使是較小的肉塊以金屬叉串並用平底鍋來燒烤，金屬叉不只是串起肉塊的「支撐」作用，也同時具有熱傳導效果。雖然金屬叉沒有直接接觸平底鍋，但由平底鍋底所產生的輻射熱，或平底鍋中溫熱空氣中的對流熱等，這些熱度都會傳至肉類中央部分。

　　烤雞肉串等，不利用金屬串而採用竹籤。竹子的傳熱效果非常不好，所以竹串僅具有支撐效果而已。

Q.116

用鋁箔紙或紙類包裹烘烤，
會有什麼樣的效果呢？

　　包裹烘烤也是一種烘烤方式，利用和紙、鋁箔紙、玻璃紙或石臘紙等來包裹食材，放置於烤網、烤箱或是平底鍋中加熱。日本以奉書紙包裹烘烤的也稱爲"奉書燒"，法式料理中的紙包料理（Papillote）也是包裹烘烤之一。

　　包裹烘烤的優點在於，可以不流失原味地進行加熱。因此像是與香草類充滿強烈香味的食材一起包裹烘烤，香氣會充滿在包裏內，加熱時就能在料理中添加新風味了。

　　包裹烘烤是介於直接加熱、烤箱及平底鍋等之間，藉由以輻射熱、對流熱和傳導熱等各種形態的熱來傳遞熱量，這些熱源都是將熱量傳遞至覆蓋在食材表面的紙類上，而不是直接傳遞至食材上。食材與外部熱源無關，主要是由食材本身所產生的水蒸氣進行穩定的蒸烤。這樣的狀態下，以食材來看，就像是在小型蒸籠內一樣，用比較低的溫度來蒸煮而已。蒸煮料理當中，爲保持肉類或魚類美味多汁的柔軟狀態，必須注意避免高溫的水蒸氣，直接接觸到魚類或肉類（請參照 Q142）。但包裹燒烤就不需要擔心這個部分，而能在良好狀態中加熱食材。

　　以包裹烘烤製作的食材，比較適合使用沒有特殊氣味的魚貝類或雞肉、松茸等，可活用其香氣的食材。在加熱過程中，會將食材香氣包裹混合於其中，因此還是避免使用會產生令人不快香氣的食材吧。

石燒料理有什麼樣的優點？

什麼樣的石材適合呢？

　　石窯烤甘薯、石燒烤肉、韓式石鍋拌飯等，有各式各樣的石燒料理。石燒主要是由高溫石材以傳導熱的方式進行加熱。使用石器烘烤加熱的優點，在於利用石鍋耐高溫，以及具有一旦加熱後，就能持續維持高溫（蓄熱能力）的特性。烘烤加熱時所使用之石材，除了熱容量較小的輕石、溶岩石（多孔質的黑雲母流紋岩），以及不耐高溫的大理石之外，基本上什麼樣的石材都能使用。

　　實際上，試著思考看看石材所能發揮的作用。例如石窯烤甘薯，因甘薯的主要成分是澱粉，所以石窯烤甘薯，使澱粉 α 化是必要的過程，因此必須使甘薯能在較長時間下保持在100℃左右的溫度帶。石燒中使用的石材，同時具有熱源及工具的作用，不只是長時間將外部熱源的熱量傳遞至食材的工具，而且必須在加熱後，以其基本蓄熱量持續地加熱食材。因此不易冷卻，也就是熱容量大是基本條件，重且比熱[*1]大的石材較為適合。

　　那麼石燒烤肉如何呢？為使肉類能美味地完成加熱，需要以高溫短時間烘烤為原則，所以必須選擇可耐熱至300℃的石材。

　　韓式石鍋拌飯的石鍋，必須選擇能兼顧烤甘薯和烤肉般作用的石材。在石鍋中放入米飯蔬菜並連同石鍋一起加熱，這就是韓式石鍋拌飯的製作方法，但石鍋拌飯的鍋巴，必須要能耐高溫，又要在上桌至食用完成之前，利用能保持高溫且具熱容量的材質，所以最適用的材質還是石材吧。

　　即使是石材，也有各式各樣的，除了輕石、溶岩石等特殊石材之外，石材本身是熱容量大的物質，能耐熱至600~1000℃（大理石耐熱至455℃）的高耐熱性物質。

若僅以熱度方面考量，除去輕石、溶岩石以及大理石之外，無論何種石材都能使用，但若考慮到直接接觸食材、掉落時的衝擊耐度以及成本等考量，則能適用的石材範圍也隨之縮小。石窯烤甘薯用的石頭，爲能接觸到甘薯本身凹凸表面使其均勻加熱，選用的是小且不會傷及甘薯，並且烘烤完成後方便甘薯取出的圓形石材。使用大量小型石材，總體的熱容量也會變大。石燒烤肉的石材，則是爲放置肉類地，選擇大片平坦的石材；韓式石鍋拌飯用的石器，因米飯與蔬菜會在石器中混拌，因此選擇飯碗形狀，兩者都必須選擇烘烤時不會產生任何缺點的石材。即使不是天然石材，也可以使用人工製造的陶磁器（Ceramic）使用。

＊1　比熱　1g油上升1℃時必要的熱量。

Q.118

為什麼用石窯烘烤的披薩
會比較好吃？

　　披薩的美味，餅皮是不可忽略的重要一環。烘烤披薩的條件，會因麵團的材料及厚度而不同。一般來說，烘烤溫度約是在350~400℃之間，烘烤2~3分鐘左右。其中，也有可能將麵團壓成薄片，以480~500℃極高的溫度，烘烤45秒至1分鐘的狀況。誠如Q25所說，以石材製成的烤窯，最大特徵就是因石材具有極高的斷熱性，可以使得石窯內部得以維持在400℃的高溫，也因石材具較大的熱容量，因此可維持一定的溫度。斷熱性不完全的烤箱，箱內溫度最高也只能維持在350℃左右，而無法再升高。另外，因烤箱的熱容量小，所以當麵團放入烤箱，瞬間溫度便會降低而無法維持高溫。

　　最道地的義大利拿波里披薩，表面香脆而餅皮膨脹處又充滿著嚼感，正是其代表的美味所在。香脆的口感，是因麵團表面水分蒸發、乾燥所形成，而餅皮充滿嚼感的部分，則是由於能保持住麵團內部的水分而成。經實驗證明，表面香脆的外皮越早形成，越能維持住內部的水分。披薩麵團的厚度種類雖然很多，但無論哪一種，烘烤時間僅需2~3分鐘，要在如此短暫的時間內，烘烤至表面乾燥、具烘烤色澤且內部完全熟透，就非得要有相當高的溫度才能完成。要能實現如此高溫烘烤，只有石窯才有可能，也因此才會說石窯烘烤，能夠做出比較美味的披薩。

Q.119

奶油泡芙的餅皮，
為什麼能膨脹成中空狀呢？

泡芙餅皮的材料，是麵粉、水、雞蛋和油脂（奶油等）。製作泡芙餅皮，必須要分兩段作業來完成。第一段作業，先混拌材料，用鍋子加熱至麵團產生黏稠糊狀。接著第二段作業，是將麵團放入烤箱烘烤。泡芙餅皮的膨脹，是因爲麵團中水分因加熱成爲水蒸氣，而水蒸氣將麵團撐開所形成。

餅皮內側形成空洞，主要的關鍵就在於第一階段作業，麵團的黏性。在第一階段中，麵粉澱粉完全糊化、油脂均勻分散，就會產生黏性。一旦產生黏性後，第二階段加熱，會因水分的蒸發，使得水蒸氣撐開麵團，形成麵團內飽含水蒸氣而膨脹的狀態，遇熱凝固而成。並且，恰如其分的黏性，會使得膨脹過程中厚度得以維持，外側凝固後因飽含於其中水蒸氣的推擠，使得表皮出現裂紋，但內部柔軟的部分仍能維持住水蒸氣的狀態，進而形成泡芙餅皮特有的中空形狀。如果黏性不足，在膨脹過程中會因蒸氣推擠，使得麵團厚度越來越薄，隨之表皮膨脹得越大，形成圓形包子狀。反之，若是黏性過強，則不易膨脹，形成表皮厚且中間空洞小的泡芙餅皮。

依據調查研究，泡芙在烘烤過程中，麵團中央部分溫度在60℃，會形成中央空洞，至70℃左右，空洞會更加擴大。這是因爲中央部分相較於其他地方，溫度不易上升並且柔軟，所以內部產生的水蒸氣因而集中於此。中央部分的溫度達到70℃、底部溫度正好超過100℃，底部會產生新的空洞。最初中央部分形成的空洞，會因表皮上部薄膜間隙的水蒸氣排出而消失。另一方面，底部發生的空洞會急速變大。也就是泡芙中央的空洞，其實是底部溫度超過100℃，產生並變大的空洞。

Q.120

派為什麼會膨脹呢？

　　派餅入口時會有鬆脆、帶有層次、入口即化的獨特口感。派皮麵團主要的材料是麵粉、油脂（奶油等）和水，製作方法包括：在麵粉中加入水和奶油揉和，成為不具流動性的麵團，再將奶油折疊至麵團的方法（折疊法）。以及將麵粉與奶油以切拌方式混和後，加入水分揉和的方法（揉和法）。無論是哪一種方法，最後都必須經過數十次至數百次的擀壓，將麵皮間形成夾有油脂層的薄麵皮層。加熱後，會因油脂融化以及薄麵皮層間所含的水分完全蒸發，之後再因蒸氣壓力而使薄麵皮層的層次被撐起並膨脹起來。並且麵團層中，因蒸發而排出的水分會有油脂介入，就像油炸物般引發水和油的交替現象（請參照 Q122），使烘烤完成時的餅皮具有鬆脆層次的口感。

　　麵團的膨脹或烘烤完成時的派餅口感，會依材料種類、配比用量以及折疊方法中折疊次數等而有所不同。麵粉，有時使用的是含較多蛋白質的高筋麵粉，也會混合使用高筋和低筋麵粉。以高筋麵粉來製作，因含較多麵筋組織，因此層次分明並充分膨脹，但烘烤完成時的口感略硬。若使用高筋麵粉和低筋麵粉混合，低筋麵粉用量較大，口感較為輕盈，但膨脹及層次較不明顯。此外，油脂用量越多，越容易出現水和油的交替現象，也較能烘烤出輕盈鬆脆的口感。

　　麵團折疊次數少，餅皮的層次也越少，相對地完成時也會有相對的沈重感，這是因為水蒸氣不容易撐起麵皮層次之故。再加上麵團中的油脂向外流出，造成膨脹狀況不佳，口感鬆散而不容易形成酥脆清爽的口感。反之，當折疊次數過多，麵皮的層次會因過薄而無法保持層次結構地崩塌，使膨脹狀態也受到影響。

Q.121

麵包為什麼會膨脹呢？

　　麵包製作時不可或缺的材料，有麵粉、水、鹽和酵母（yeast）等。因酵母種類或麵包類型，也有不使用糖類的情況。麵粉和水、鹽混拌後就成了麵包麵團，但使麵包膨脹的卻是麵粉和水混拌後所形成，稱為麵筋的蛋白質。砂糖就像是酵母的誘餌般，酵母將糖類分解後生成氣體（二氧化碳）。此外，鹽分具有緊緻麵筋的網狀結構，讓麵團更具彈力的作用，使麵包麵團能耐得住二氧化碳及水蒸氣等所形成的壓力。正由於麵包麵團如此製作，所以能包覆因酵母所形成的二氧化碳，與加熱時麵團中所形成的水蒸氣等，加上因遇熱而膨脹，綜合成為麵包膨脹的原因。

　　麵包有各式各樣的製作方法，但大致上可區分成三大步驟，①混合材料使其形成麵筋的作業、②發酵麵團的作業、③完成烘烤的作業。發酵作業當中，因酵母生成的二氧化碳會將麵筋的薄膜撐開。最初二氧化碳是溶於水中的狀態，但在揉和麵團時，以混入麵團中的空氣等小氣泡為核心，成為氣體狀態。這樣的作業稱為一次發酵。接著將麵團壓平排氣後，進行分割、整型等作業。壓平排氣的主要目的，在於使麵團中較大的氣泡被按壓分散，排出多餘的氣體。整型後再次進行發酵。第二次的發酵是最後發酵，也被稱為二次發酵。

　　最後放入烤箱加熱麵團。麵團的溫度在55℃左右，是酵母正發酵之時，因形成二氧化碳，而二氧化碳又因加熱而膨脹。同時，麵團中所含的水分也會變成水蒸氣。就是這樣一連串的變化，使得麵團因而膨脹。之後，當麵團的溫度超過70℃，酵母停止發酵，澱粉的 α 化、蛋白質的熱凝固等，使得麵團無法再膨脹，當烘烤至呈現出烘烤色澤時即完成。順道一提，形成烘烤色澤的是稱為胺羧反應（請參照 Q107）的化學反應所引起。

香甜焦糖醬的秘密

　　焦糖醬，在甜密中略帶著焦化砂糖特有的香氣及隱約的苦味，也是焦糖布丁等所不可或缺的醬汁。

　　加熱糖類或高濃度糖液，糖因遇熱分解，引起複雜反應製作出褐色物質。這個物質就是焦糖，引發製作出焦糖的化學反應就稱爲焦糖化反應。砂糖主要成分的蔗糖，是一分子葡萄糖與一分子果糖，分子結合而成的二糖，因此將其加熱至150℃左右，部分蔗糖會因分解而成爲葡萄糖和果糖，再持續加熱至170℃左右，就會形成焦糖。而超過230℃，焦糖就會產生碳化（請參照因砂糖溫度所產生的變化 Q91、表1）。

　　因褐色物質的焦糖或焦糖化反應，而產生獨特香氣的成分，是由葡萄糖、果醬、蔗糖因其各自反應生成物質的混合物。糖的種類、比例不同，加熱速度以及加熱完成時的溫度不同，而產生的物質也會因而改變，焦糖色澤和味道也會隨之改變。

　　實際上，試著用大火、中火及小火來加熱，以實驗焦糖的風味，被評選爲最佳狀態的是加熱完成時的溫度在220℃的焦糖，而過去一般被認爲最適切的溫度是在180℃，此時焦糖呈現淡淡的色澤及香味，但具有強烈甜味。原因之一，是因爲製成品的上白糖中所含轉化糖的含量，也就是葡萄糖和果糖的含量，較以往減少所造成。葡萄糖或果糖含量變少，反應速度也會隨之減低，因而不容易製作出焦糖。順道一提，相較於添加1~3%轉化糖的上白糖，細砂糖幾乎是純萃的蔗糖，所以更不容易產生焦糖化反應。

此外，關於色澤方面，即使加熱完成時的溫度相同，比較小火長時間加熱與大火短時間加熱，可以得知，以中火加熱，完成時的色澤具有較強紅色調性的傾向。另外，在糖液中加入檸檬汁等酸性，或是小蘇打等鹼性，更能加速焦糖化反應。

第六章　油炸與熱的關係

Q.122

為什麼依材料不同，
炸油的溫度也會隨之改變呢？

烹調油炸菜餚，無論是哪一種料理，表面呈現適度炸色，中央熟透即是調理的基本。雖然食材中央部分完全熟透所需的時間，會依食材種類及厚度而不同，但中央部分恰如其分地炸熟且表面呈現適度炸色，就是最為理想的狀態。因此，油炸的食材、麵衣種類等，依照各種條件炸油的適溫也會因而調整。

●所謂的油炸就是使油水相互交替的現象

在油炸食材的過程中，食材中所含的水分會經由食材表面蒸發，水分流失的部分則以油脂替代，這就是油水相互交替的現象。像油炸天麩羅般表面裹有麵衣，油水交替現象就會出現在麵衣部分。越是水分完全蒸發被油脂取代的油炸物，其表面越是乾燥呈酥脆口感。另一方面，食材內部是由表面的傳導熱來傳遞熱量，所以相較之下，食材中央的溫度會緩慢上升。炸天麩羅或炸豬排等沾裹著麵衣的油炸物，在麵衣當中的食材就像是蒸熟般地被加熱完成。

●低溫、中溫、高溫－油溫的使用區別

油炸溫度一般來說，可以分成三大階段，低溫（150~160℃左右）、中溫（160~180℃左右）、高溫（180~200℃左右）（表1）。

適合低溫油炸的，是中央部分煮熟為止需要相當時間的食材，像是薯類、南瓜般含較多澱粉的食材，或是具有厚度的食材 ... 等。含有大量澱粉的食材，因澱粉需要較長的時間 α 化，因此必須長時間油炸。或是食材具相當厚度，加熱至中央溫度上升為止需要較長的時間。

適合高溫油炸的，與低溫相反，是中央部分不需要煮熟的食材，像是

日式天麩羅的魚貝類或可樂餅，以及食材較薄的食材。足以生食的新鮮魚貝類且不具厚度的食材，進行油炸烹調，魚貝類因其中水分含量較澱粉性食材多約10%左右，因此傳熱佳，縮短油炸時間即可完成。長時間油炸，反而會因此使膠原蛋白收縮，導致美味成分流失，損及完成的料理。此外，像是可樂餅等，中央內部是已煮熟的食材，基本上只要麵衣部分呈現炸色即可，所以即使是短時間油炸也足夠。

　　適合中溫油炸的，是介於高溫與低溫油炸條件要素的食材，也就是需要加熱至中央部分煮熟的時間，介於低溫及高溫之間的食材。

●因麵衣的性質、厚度以及種類，油溫也因而調整

　　即使是相同的材料，麵衣的種類不同，炸油的適溫也因而改變。試著以炸雞肉與炸雞排為例。炸雞肉在雞肉表面撒上的粉類就成了麵衣，因此薄薄的粉類，下鍋後很快就能將熱傳至雞肉表面。油溫過高，表面迅速加熱，當中央部分也炸熟時，表面已經呈焦黑狀態了，因此先以低溫油炸至中央部分食材煮熟後，再改以高溫油炸。另一方面，因炸雞排的麵粉、雞蛋、麵包粉等有三層材料之厚，因此若低溫油炸，溫度很難傳至肉類的內部。但若因此而以高溫油炸，會使得低含水量的麵包粉溫度即刻升高，出

表1　炸油溫度的標準

低溫	150~160℃	炸雞肉（第一次）
	160℃	甜甜圈、春捲、炸薯條（第一次）、薯類或蔬菜天麩羅
中溫	160~170℃	西式油炸（fritter）、特殊麵衣（粉絲、芝麻、杏仁果等）
	170℃	炸什錦蔬菜、厚炸什錦海鮮
	170~180℃	炸豬排、裹粉油炸、龍田炸雞、炸全魚、炸豆腐
高溫	180℃	炸牡蠣
	180~190℃	魚貝類天麩羅、炸雞肉（第二次）、魚貝類炸什錦、可樂餅
	200℃	炸薯條（第二次）

現炸色，但等到中央部分熟透，炸色就過重了。因此炸雞排會以中溫油炸。

　　此外，麵衣用的材料也會因種類，而調整不同的炸油適溫。油炸褐色雖然是因胺羰反應的化學反應所產生的顏色，但使用麵包粉，麵包粉中所含的糖分越多，會越快產生胺羰反應，使得表層越快變成褐色。這樣的化學反應，溫度每升高10℃，發生的速度就會快5~6倍。油炸物因使用的是高溫油脂，因此這樣的化學反應會比其他烹調方法更快產生，有可能油溫略有不同時立刻出現褐色，所以必須多加留意。

炸油的用量
越多越好嗎？

　　想要製作出美味的油炸料理，最重要的是如何讓油溫保持在適溫狀態。油脂比熱[*1]較小，約是水的一半，因此具有容易加熱也容易降溫的特色。大家會說炸油量越多越好，是因為油量越多蓄熱力（熱容量）越大，即使放入食材也不會因而降低溫度，能使油脂容易保持在適溫狀態。當炸油低於適溫，食材中所含的水和油脂的交替（請參照Q122）無法順利進行，因而只能炸出塌軟的外皮，無法炸出酥脆的口感。基本上，炸油量越多越容易炸出酥脆外皮。

　　想要保持油脂的適溫，食材的形狀或一次放入的食材量，也是必須考慮的重點。即使炸油量夠多，但一次放入食材量過多，仍會使油溫急遽降低。食材放入後油溫降低，不僅是因為食物本身的溫度較低，更因為食物中水分蒸發，蒸發熱[*2]的形態，使得其中的熱量大幅被使用的原故。

　　食材即使相同的重量，但形狀改變或切成小塊，表面積也會各有特色。例如，相同重量的食材一次油炸，整顆圓球狀和滾刀塊、長條塊狀、薄片狀等切的方式不同，放入食材後的油溫降低情況，也會因而有大幅的差異（圖1）。特別是表面積最大的薄切片，更是使油溫急遽下降。

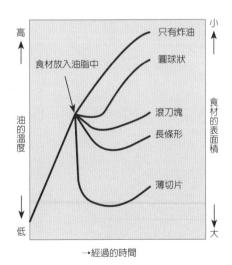

圖1　食材表面積對油溫的影響

表面積越大，表面其水分蒸發面積也越大，放入食材的瞬間水分蒸發，多數的熱量會因而被使用掉。因此每次食材放入的參考量，約是鍋內油脂表面積的二分之一以下。特別是油炸大表面積的炸薯片或是炸什錦，更是必須仔細控制每次放入的分量。

＊1　比熱　1g 油上升 1℃時必要的熱量。

＊2　蒸發熱　水變成水蒸氣時所奪取的熱量。奪取的熱量每 1g 的水需 539 卡路里。

Q.124

使用大量油脂油炸出的食材，與澆淋油脂油炸的食材，有何不同？

　　無論是使用大量油脂油炸的方法，或是舀起油脂澆淋進行油炸的方法，在加熱過程中熱量的移動形態都相同。兩者都是從高溫油脂在食材表面以對流熱來傳熱，而食材內部則是從表面以傳導熱緩緩傳遞。這兩種烹調方法，最大的不同就在於，表面溫度上升的速度。

　　在大量油脂當中放入食材，食材表面溫度會急遽上升。但即使表面溫度升高，內部也不會以同樣快的速度升高。特別是食材越大，表面與中央部分距離越大，就越有可能產生表面焦黑但內部仍未熟透的狀況。另一方面，將油脂舀起澆淋至表面的油炸方式，並非持續保持將表面溫度維持在高溫狀態，高溫油脂澆淋而下，之後溫度也隨之降低。即使表面溫度略有降低，但仍可以由變熱的表面將熱量持續傳遞至食材內部，因此內部溫度仍可緩慢升高。也就是邊舀起油脂澆淋的油炸方法，比起使用大量油脂油炸，更能縮小表面與中央內部的溫差。依油脂澆淋次數，也可以調節炸物表面的炸色濃淡。

　　當油炸整隻全雞或整條全魚般大型食材，與其使用大量油脂油炸，不如利用舀油澆淋的方法，更能讓表面呈現漂亮炸色，也能讓內部加熱至恰如其分的熟度。即使是舀油澆淋的油炸方式，在食材表面也同樣會產生油水交替的現象（請參照 Q122），所以一樣能烹調出油炸食材特有的香脆口感。

Q.125

適合油炸使用的是哪種鍋？

　　相較於其他的烹調方法，油炸料理更能在短時間內完成加熱。在如此短的時間下，要如何能均勻地將熱量傳遞至食材，這就左右著料理的完成度。此外，油脂在持續的高溫加熱下也會產生劣化（請參照 Q132），劣化程度會受油鍋及材質影響。基於以上的原因，適當的鍋具就是指能將熱量均勻傳遞至食材，同時也比較不易使油脂產生劣化的種類。能夠滿足這些條件的鍋具，就是具深度及厚度，鋁合金鍋或是不鏽鋼製中式炒鍋，以及雪平鍋。

　　爲使食材能均勻傳遞熱量，首先，食材必須能完全浸泡於油脂當中，因此油脂必須要有適度的深度。即使是相同的油量，相較於平底鍋，圓底鍋在鍋子中央部分更具深度。這也是經常會使用中華炒鍋做爲炸鍋的原因。另一方面，即使鍋中炸油深度相同，平底鍋能容納的炸油量較多，因此油脂的熱容量也較大，更容易保持一定的溫度。熱容量的大小，不僅只限於炸油，鍋具也有相當的影響。若考量到食材放入鍋內要使油脂溫度不易降低，熱容量大的鍋具，也就是厚重鍋具就很適合使用。

　　另一方面，油脂的劣化也會受到鍋具材質的影響。銅或鐵等會使油脂氧化，具觸媒作用的鍋具就容易促進油脂的劣化。特別是經由實驗可以確實得知，銅質具有強烈觸媒作用並不適合用於油炸使用。針對鋁合金、不鏽鋼、鐵等製作而成的炸鍋，進行油脂加熱時的氧化程度及黏度等研究當中，可以確知鋁合金最不易產生油脂劣化，其次是不鏽鋼。但鋁合金炸鍋的強度低是其缺點。

　　鍋子的形狀也會對油脂的劣化產生影響。油脂與空氣接觸面積越大越容易劣化，黏性也越強。爲抑制劣化，儘可能縮小與空氣接觸面積的形狀爲佳。使用大量油脂，即使是用量相同，相較平底鍋，像中式炒鍋般的圓

底鍋，接觸空氣面積較大，較會使油脂劣化。但若是油脂量沒那麼多，也有可能是平底鍋的接觸面積大於圓底鍋。此外，一次進行油炸的食材量，大約是油脂面積的二分之一以下為油炸參考，口徑小的平底鍋就不方便使用了。

綜合以上的各種考量，圓底鍋的特徵是油脂用量較少，相較於平底鍋，圓底鍋有著以下特性，①可確保油脂的深度，使食材均勻受熱、②接觸空氣的油脂面積較大，油脂容易劣化、③一次可油炸大量食材。

無論如何，適合作為油炸的鍋具，必須是具有厚度和深度的鍋子，但可考量鍋具的形狀、使用的油量或是一次油炸食材的分量...等，來選擇平底鍋或圓底鍋，至於材質則選擇可抑制油脂劣化的鋁合金或不鏽鋼為佳。

Q.126

油溫可用滴入的麵衣狀態來判斷，
為什麼呢？

在炸油當中滴入一滴用水調成的麵衣，依麵衣浮起的狀態來判斷油脂溫度。因為水比油重，因此麵衣放入油脂中應會下沈，但隨著加熱麵衣的水分被蒸發，麵衣就會浮起。這個方法是利用油溫越高，傳遞至麵衣的熱量越大，其中所含的水分越快被蒸發，藉此來判斷油脂的溫度。

油脂的溫度在150℃以下，麵衣會下沈久久不會浮起。在150~160℃，麵衣會先下沈，接著才會慢慢浮起。當到達170~180℃，麵衣尚未沈至底部時就已經又浮起來了。到200℃以上非常高溫，麵衣在滴入油鍋瞬間，就會因水分立即蒸發而不會向下沈。

其他，也有用木製油炸筷插入油鍋中，視其氣泡狀態的方法，或是放入一小撮鹽用聲音判斷等方法。這些方法，都是利用木筷或鹽中所含的水分蒸發來進行判斷。無論是哪一種，含有水分都是其重點，所以若是放入未含水分的金屬筷或是精製過的食鹽，也無法藉以判斷油脂的溫度。

但是，無論是哪一種方法，都只是油溫的粗略參考。例如具深度的炸鍋中放入大量油脂，即使油溫只達150~160℃，但麵衣有可能在未達鍋底前，水分已經被蒸發並浮起來了。因此若想正確地掌握炸油溫度，最正確的方法還是使用溫度計。

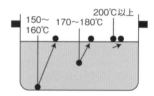

利用麵衣來分辨油脂溫度的方法
150~160℃　麵衣會先沈至底部才緩緩飄升上來
170~180℃　麵衣未沈至底部前就浮上來
200℃以上　麵衣完全不會下沈地浮在表面

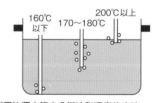

利用沾濕木筷來分辨油脂溫度的方法
160℃以下　木筷接觸鍋底處的尖端出現極少的氣泡
170~180℃　木筷插入具深度的油鍋當中，筷子整體都出現細小氣泡
200℃以上　木筷插入油鍋，瞬間炸油就彈起了

Q.127

流動稠狀的炸油，

為什麼可以將炸蝦或裹粉炸得酥脆呢？

將炸油含入口中，會感覺黏乎乎。但完美炸出的天麩羅或炸豬排、酥炸食材等入口，卻是酥脆爽口。這是因為油脂直接接觸舌頭或口腔黏膜時的感覺，與含油麵衣的口感不同。

天麩羅和裹粉油炸，是使麵衣與炸油之間進行油水交替現象來完成加熱。在適溫的炸油中油炸，麵衣中所含的水分會確實蒸發，而水分蒸發後油脂就會確實地填補，形成酥脆口感。

若油溫過低等原因使得水分沒有完全蒸發，麵衣中油脂吸入量也會減少，炸出的料理會有黏答答且沈重的感覺。即使麵衣當中含有大量油脂的狀態，但只要油脂不是黏黏得沾附在麵衣表面的狀態，油脂不會直接沾黏在口腔黏膜，麵衣水分已排出呈乾燥狀態，那麼仍會因此產生酥脆口感，感覺炸得十分酥脆。

並且，即使在適溫下油炸，但使用的是黏乎乎的劣化油脂，即使水分排出後油脂也無法交替水分，使得麵衣表面呈現油脂附著的狀態，無法有爽脆口感。

Q.128

為什麼二次油炸
就能夠炸得香酥脆口？

所謂的二次油炸，首先是在低溫中油炸食材後取出，待油溫升高後再次放入的油炸方法。

油炸食材，是在高溫油脂中，食材表面水分完全蒸發排出，油脂取而代之的交替現象，就能形成酥脆的口感。但是當油脂溫度過高，即使表面呈現適度的炸色，中央也可能是沒未熟透的狀態。為避免此狀況，最初先以低溫油炸至中央部分熟透，第二次油炸時才炸至酥脆，在這樣的考量之下，第二次會以高溫油炸以達到酥脆的效果。

第一次炸，加熱的目的，在於使食材中央部分能加熱至某個程度，如此就能夠略減低食材表面的水分含量，所以要在低溫狀態下，多花一點時間油炸。特別是想要油炸出柔軟美味多汁的肉類，為防止膠原蛋白的收縮，最重要的是將肉類中央部分溫度，維持在65℃附近。在油炸過程中，以及取出後因餘溫，使得已經加熱過的表面水分繼續蒸發，形成表面水分含量的降低。

二次油炸的目的，是為使表面水分確實蒸發，形成酥脆外皮。在第一次加熱時表面水分減少，內部也幾乎熟透，因此第二次只要單純地使表面水分蒸發而已，因此可以使用高溫油炸。如此就能將表面炸至酥脆，並有適度炸色的成品了。若是第二次油炸時仍無法達到酥脆狀況，可以重新炸第三次或第四次。

油炸時使用的油脂種類不同，
成品也會有所差異嗎？

「油炸成輕盈口感」或是「油脂沈重」，經常會聽到對油炸物或油脂以「輕盈」、「沈重」的形容方式。或許以「輕盈」、「沈重」來表達，會想到油的比重，也就是同體積油脂的重量比，會因油脂的種類而有所不同，但其實就算油脂種類不同，其比重也不會有太大的差異，而且也不致會改變油炸物的成品。因炸油種類不同而會產生的改變，最主要在於口感。而會影響到油炸物成品狀況，則是油脂劣化時所產生的黏性。

●油的種類和冷卻油炸物口感的關係

油炸物在剛起鍋時熱騰騰的狀態，與冷卻後的油炸物口感不同，更因油脂種類冷卻後的麵衣口感更加產生區別。使用於油炸物的油脂，有豬脂（lard）、牛脂（tallow）等動物性油脂，以及芝麻油、大豆油、綿籽油、玉米油、菜籽油、芥花油、花生油、棕櫚油等植物性油脂。其中，動物性油脂與植物性油脂的棕櫚油等，在室溫下呈固體狀態。值得一提的是，「油」是指在常溫狀態下呈液體狀的油脂，而「脂」則是在常溫下呈固體狀態的油脂，但用於棕櫚油，雖然是「脂」，但仍習慣性地會使用「油」來稱之。

脂與油的融點大不相同，因此冷卻後的麵衣口感也會有相當大的差異。豬或牛脂在40℃前後，就會凝固，但植物油達0℃為止都不會凝固。因此，用動物油脂來油炸，稍加放置後，麵衣部分的油脂就會凝固，產生沈重的口感。炸天麩羅清爽酥脆的口感，用的不是脂而是用油來進行油炸；但裹粉油炸，冷卻後潤澤沈重的麵衣與為了搭配油炸的食材，有時會使用脂來進行油炸。

●油脂的劣化與油炸狀況的關係

會對油炸物成品造成重大影響，就是油質的劣化。相同的油脂不斷重覆進行油炸，在高溫中被加熱的油脂，會不斷地產生劣化，進而產生呈色、黏性、油煙以及令人不快的氣味。油脂中一旦出現黏性，就表示油脂無法再順利發揮其應與水分產生油水交替現象的作用。

實際上，試著使用劣化油脂來進行油脂實驗，發現油脂一旦劣化就無法進入麵衣當中，而使麵衣中殘留過多的水分。水分殘留過多，就無法炸出酥脆口感，炸物全體都無法呈現出應有的香酥脆口。

經實驗確認，當新鮮的油脂之中，添加上少許在加熱時會產生稱之為醛類（Aldehyde）的氣味成分，油炸物會沾染上這個成分的氣味，即使使用的是新鮮清澈的油脂來油炸，食用時也會感覺到像是以具黏性油脂炸出來一般，呈現黏膩的口感。

Q.130

想享受美味油炸食材但又想控制卡路里，這有可能嗎？

　　油脂的熱量約是100g相當於921千卡，相較於其他食材特別的多。越是油炸至酥脆的食材，其麵衣中的水分越少油脂越多，因為吸收較多的油量，因此熱量也較高。但是，只要多加注意麵衣的種類和厚度，就能在某個程度內抑制熱量。

　　要想抑制油炸食材的熱量，首先就必須先抑制其吸油量。油炸食材當中，主要吸收油脂的部分就是麵衣，麵衣種類不同，吸油量也會改變。吸油量當中，直接使用食材沒有任何沾裹的「素揚」是最少的，其次是沾裹上太白粉的「酥炸」，「天麩羅」→「西式油炸」→「裹粉油炸」等順序，麵衣越厚熱量越增加。特別是沾裹上粉絲的「特殊麵衣」，因粉絲遇熱膨脹，會在瞬間吸入油脂，比起一般的麵衣吸收的油脂量更高。

　　同樣種類的麵衣，減少麵衣的厚度一樣可以減低油量的吸收。實際上，利用馬鈴薯來進行調查實驗，發現麵粉中添加水量越多麵衣越薄，附著於馬鈴薯的分量也越少，確實能減低油脂的吸收。此外，在麵衣當中添加小蘇打，即使麵衣的附著量沒有改變，但因為油炸過程中麵衣的膨脹，也會增加油量的吸收。實驗也證實，添加小蘇打吸油量約增加16%左右。

　　試著計算麵衣狀態不同，從油脂中攝取的熱量會有多少的改變。食材的切法會改變表面積，因此麵衣的沾裹方式及吸油量也會各有不同，雖然不是最正確的數據，但可以做為參考標準。南瓜薄片（15g）直接油炸時吸油率約為7%，所以吸油量1g的卡路里量約是9大卡。而薄薄沾裹上麵粉、雞蛋和水製作而成的麵衣，約有23大卡，沾裹上具有黏性的麵衣，其附著量約增加二成，變成27大卡，在麵衣中添加了小蘇打，則增加為31大卡。

裏粉油炸，若能抑制裏粉的厚度，和天麩羅一樣也能夠減少吸油量，抑制卡路里。相較於粗粒麵包粉，細麵包粉的沾裏可以更薄，吸油量也可以減少。此外，新鮮麵包粉可以比乾燥麵包粉更薄地沾裏，或是將乾燥麵包粉放入研磨鉢中磨細，也可以沾裏得更爲輕薄。

　　再者，縮小食材表面積，吸油量也會隨之減少。油炸時油脂會進入食物的表面，所以即使相同重量的食材，表面積越小，吸油量也越少。例如油炸可樂餅，相同重量，相較於扁平圓盤狀，圓柱形狀較能抑制卡路里；相較於圓柱形狀，球形表面積會更小，卡路里吸收也會更少。此外，相同重量的食材，不要切成小塊地以大塊狀油炸，也能縮小表面積，並抑制卡路里量。

Q.131

可以用「不容易堆積在身體」的油脂
來製作油炸食品嗎？

　　市面上販售著標示有益健康「不容易堆積在身體」的油脂。油炸的烹調，因為利用的是油水交替的現象，因此無論是什麼樣的油脂都能使用。

　　「不容易堆積在身體」的油脂，是以二醯基甘油（diacylglycerol）（以下稱為 DG）為主要成分的油脂，或是在一般食用油中，混入中鎖脂肪酸製作而成的油脂。一般食用油原料的主要成分是三酸甘油脂（TG），是由一個甘油（Glycerol）與三個脂肪酸分子組成的脂質，DG 就是由 TG 中減少了一個脂肪酸分子的脂質（圖1）。DG 是一般食用油中也含有的成分，在小腸被吸收後，於體內不容易再結合成中性脂肪，具有防止體內脂肪囤積的特性。在牛奶、乳製品的脂肪，或是椰子油、棕櫚油當中，都含少有量的中鎖脂肪酸，可以直接被送至肝臟迅速分解成能量，具有不易在體內以脂肪型態堆積的特徵。

　　試著將 DG 和 TG 以其主要成分的油脂特徵加以調查比較。以油脂黏度而言，DG 會比 TG 高，具有黏性。實際上，比較研究以這兩種油脂炸出的油炸食品，可以確認兩者的傳熱方式完全相同，食材上升溫度相同，油水的交替現象也同樣地進行。

　　使用以 DG 為主要成分的油脂，或添加了中鎖脂肪酸的油脂，所烹調出的油炸食材，因有著「不容易堆積在身體」的生理性特徵，而得到相當高的評價。從營養層面來看，即使是有助於健康的油脂，以其油脂的熱量而言，仍與其他油脂相同。吃下食用的都一樣會成為熱量來源。這樣的油脂是否適合作為油炸食材，可能也必須從熱量部分來考量吧。

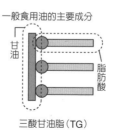

一般食用油的主要成分

甘油　　脂肪酸

三酸甘油脂（TG）

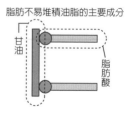

脂肪不易堆積油脂的主要成分

甘油　　脂肪酸

二醯基甘油 DG（Diacylglycerol）

圖1　油脂的構造

所謂「油脂疲乏」是什麼樣的狀態？
要如何消除疲乏現象？

所謂「油脂疲乏」，指的就是油品劣化之表現。油炸，油脂的溫度達到180℃前後，如此高溫下長時間與空氣接觸並加熱，油脂會與空氣中的氧氣產生各式各樣的化學反應，進而變爲劣化。劣化的油脂，顏色較深、具黏性並且在油炸時會產生「持續性的泡沫」、油煙以及令人不快的氣味。所謂持續性的泡沫，指的是將食材放入油脂時所產生向上聚集冒出的小小氣泡（圖1），但當油炸物取出後，氣泡仍不會消失的狀態。這樣的情況下，無法充分完成食材的油炸。油脂的劣化當溫度越高或是加熱時間越長，就越容易產生。

關於抑制油脂劣化，口耳相傳著許多方法。像是將梅乾炸至完全燒焦的油炸方法、加入大量水分使其短時間發生激烈氣泡的方法，或是大量放入天麩羅的麵衣，藉由撈取麵渣而一起撈出油脂氣泡的作法、以白土和活性碳的混合物來處理 ... 等等。實際上，這些據稱能抑制油脂，或能改善其狀態的方法，經過調查證實無論是哪一種，都沒有效果。

另一方面，每次油炸時耗損掉的油脂，都用新鮮的油脂補充，經實驗證明這的確具有阻止油脂劣化的效果。根據實驗結果，添加油脂的效果到油炸六次爲止都沒有出現，

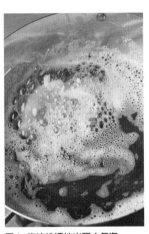

圖1　炸油持續地出現小氣泡
用劣化油脂進行油炸，小小氣泡會大量冒出形成「持續性的泡沫」。

但第七次以後開始出現能抑制油脂的黏度，或氧化的效果（圖2），可以確認此時油炸物與新鮮油脂的油炸物，在食用上幾乎沒有差別。

重覆不斷添加油脂，劣化的油脂被新鮮油脂所稀釋，因此即使持續使用相同的油脂，油脂也不易劣化。添加油脂雖然無法消除油脂的疲乏，但也可以不用丟棄地繼續使用。

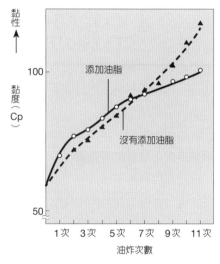

圖2 添加油脂的效果

添加油脂以抑制油脂疲乏的效果，約在油炸次數超過七次之後才開始出現。
島田淳子，家政學雜誌，25,120-124（1974）

因油炸食材的不同，

油脂的起泡狀態也會有異嗎？

　　無論油炸的是什麼樣的食材，放入油鍋時都會產生大大的氣泡，這樣的氣泡在食材取出後就會消失。氣泡是由於食材中所含的水分蒸發所產生。另一方面，也有油炸食材取出後，氣泡仍不會消失，存留下來的狀況。這就是 Q132所提及，稱爲「持續性的泡沫」。引發持續性泡沫的原因，可以確知就是油脂的劣化，還有稱爲磷脂質脂肪的作用。因油炸食材的種類不同，油脂劣化的狀況及磷脂質的有無，也會因而相異，進而油脂的氣泡也會有所差別。

●油脂劣化對食材的影響

　　油炸含有魚類或肉類等脂肪成分的食材，比油炸蔬菜等不含脂肪成分的食材，更容易使油脂風味變差。此外，油脂會變成褐色，是因爲魚類或肉類中所含的磷脂質和蛋白質溶出所造成。

　　根據研究報告結果顯示，油脂劣化會因食材不同而受到很大的影響，但另一方面油脂氣泡的產生，與油脂的黏性及氧化程度有關，但卻與食材種類沒有直接的影響。油脂的氣泡是由各種複雜原因混合所產生的現象，其原因卻無法簡單地用一句話來解釋。

　　相對於油脂的劣化，油炸食材所影響到的，是由食材在油脂中釋出的成分，這個釋出的成分會因麵衣種類不同而有很大的差異。相較於直接油炸食材，撒上粉類油炸釋出的成分較少，而相較於撒上粉類的油炸，沾裹麵粉的酥炸或麵衣的天麩羅，其成分溶於油脂的量也相對較少。

●因雞蛋成分引起的持續性氣泡

即使採用新鮮的油脂，在油炸中使用了雞蛋的天麩羅或炸豬排、炸牡蠣等食材，就會產生持續性氣泡。這是因爲雞蛋的蛋黃中所含卵磷脂的原故。

實際上，炸牡蠣也可以不使用含雞蛋的麵衣來烹調製作，關於這些情況，以一次油炸5個來操作，重覆進行十次加以試驗，再觀察每次氣泡的狀況（表1）。不使用雞蛋，即使油炸十次也不會產生氣泡，但使用含有雞蛋的麵衣，到了第三次時就開始產生像螃蟹吐氣般小小的氣泡，油炸超過五次以上，這個小氣泡會越來越多。雞蛋的卵磷脂在油炸後幾分鐘之內，會被釋出於炸油中，當作界面活性劑[*1]來使用，因而產生氣泡。

因為卵磷脂之故，使得氣泡的生成變得更為劇烈，先將油炸物取出，再加熱至220℃左右，將油溫維持在相同溫度下5分鐘左右，接著再回復到任意溫度，就不會再有氣泡產生了。這是因為在高溫炸油之下，油脂當中的卵磷脂會被分解。並且，油的點火溫度為200~250℃左右，溫度越高，就必須要更注意避免火花進入鍋中。

---

*1　界面活性劑　具有能有效減低界面張力作用的物質。在溶入少量此物質的溶液中，為能容易地包覆氣泡與之結合地會產生泡沫，這樣的泡沫因呈安定狀態而暫時不會消失。

表1　使用雞蛋的麵衣與沒有使用雞蛋之麵衣，油炸時炸油中的氣泡

麵衣的種類	*	油炸次數				
		1~2回	3~4回	5~6回	7~8回	9~10回
不使用雞蛋的麵衣	A	○	○	○	○	○
	B	○	○	○	○	○
使用雞蛋的麵衣	A	○	∘∘∘	▩	▩	▩
	B	○	○	∘∘∘	▩	▩
	C	○	▩	▩	▩	▩
	D	○	○	∘∘∘	▩	▩
	E	○	∘∘∘	▩	▩	▩

○泡沫正常　∘∘∘開始出現螃蟹吐氣般的小氣泡
▩螃蟹吐氣般的小氣泡變多
* A~E使用的分別是五間不同公司的天麩羅專用大豆油。
岩田年雄等，調理科學，4,51-53(1971)

Q.134

酥炸食材的粉類可以用太白粉嗎？麵粉也可以嗎？

會有什麼不同呢？

太白粉是純澱粉，但麵粉之中除了澱粉外，還含有8~12% 大豆蛋白質。經常會聽到「麵粉的特性由蛋白質含量而定」，這也顯示出麵粉中含有蛋白質的特殊性質。因兩者成分各不相同，完成時的料理也會各有特色。

麵粉當中含有具黏性的醇溶蛋白，以及具有彈力的麥穀蛋白，當麵粉中加入水分，這兩種蛋白質會相互交纏地產生稱為麵筋的蛋白質。麵筋可以產生嚼感，也是製作麵包時會產生彈力及嚼勁，不可或缺的重要存在。

在先行醃漬調味的肉類或魚類表面撒上粉類，粉類會吸收魚類或肉類所釋出的水分。太白粉因為是單純的澱粉只能吸收水分，使用麵粉，它不只是澱粉，蛋白質也能吸收水分形成麵筋組織。撒上太白粉油炸，因澱粉α 化使得網狀組織鬆散，而由此排出水分。由網狀結構中排出水分的狀態，就會形成麵衣輕盈酥脆的口感。另一方面，若是撒上麵粉，蛋白質成分的麵筋組織會遇熱凝固，以網狀結構的狀態維持其凝固。麵筋組織是種具有黏性和彈性纖細的結實構造，水分由網狀結構中排出，麵衣會成為具咬勁的硬脆口感。

油炸完成稍加放置後，水分會由食材移向麵衣。撒上太白粉油炸，α 化的澱粉因吸收水分，而使得水分易於流向麵衣，比較起來，在較早的階段就會形成柔軟狀態。另一方面，撒上麵粉的炸雞塊，因澱粉吸收水分，但熱凝固的蛋白質不會吸收水分，所以水分不易移動，炸出的雞塊表面就不會像太白粉那麼容易變軟黏稠。

Q.135

為什麼西式油炸料理（fritter）的麵衣
會添加小蘇打或啤酒呢？

在水中加入小蘇打加熱，立刻會產生氣體（二氧化碳）。啤酒的氣泡，其實就和小蘇打所產生的氣體同樣是二氧化碳。啤酒中溶入了大量的二氧化碳，所以斟入酒杯時氣泡就會滿溢出來。西式油炸料理的麵衣，就是添加了小蘇打或啤酒，因此麵衣會因為二氧化碳而膨起鼓脹。

西式油炸料理（fritter）的麵衣，混拌了蛋黃、油脂（植物油或奶油等）、水（水、牛奶等）和鹽，再添加上麵粉與打發的蛋白。打發蛋白中的氣泡在油炸時因熱而膨脹，使得麵衣部分因而膨脹成海綿般，呈鬆軟輕盈的口感。添加了小蘇打或啤酒，除了麵衣蛋白中含有的空氣外，二氧化碳也會產生氣體，讓麵衣更加膨脹。水分很容易從氣泡變多間隙也變多的麵衣中蒸發，吸油量會因而變大。也可以說，確實地排出水分後，油脂就能進入其中，形成輕盈的口感了。天麩羅在油炸完成後稍加放置，水分會由材料移向麵衣，因此麵衣吸收了水分就容易變得軟黏，但若是添加了小蘇打或啤酒的西式油炸料理麵衣，則會因麵衣中氣泡和油滴的阻撓，使得水分不容易移動，繼而能保持其酥脆（圖1）。

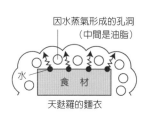

因水蒸氣形成的孔洞
（中間是油脂）

水

食　材

天麩羅的麵衣

再者，加入小蘇打或啤酒，麵衣的顏色也會隨之改變。麵粉的白色是類黃酮（flavonoids）系的色素，這個色素在酸性下呈白色，但若在鹼性之下則成黃色。小蘇打呈鹼性、啤酒呈酸性，因此加入小蘇打時顏色會略黃，而加入啤酒時顏色就會變得更白了。

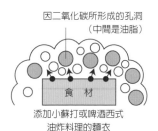

因二氧化碳所形成的孔洞
（中間是油脂）

食　材

添加小蘇打或啤酒西式
油炸料理的麵衣

圖1　添加了小蘇打或啤酒的麵衣，食材水分的移動狀態

Q.136

油炸茄子
要如何保持顏色的鮮艷？

　　茄子，是食材中少數呈深紫色，並且連同這美麗色彩一起食用的蔬菜。

　　茄子的紫色是來自花青素系中，稱為色素茄甙（Nasunin）的色素。這種色素易溶於水，遇熱十分不穩定，所以用100℃加熱，就會使茄子變色。茄子不以油脂而以水分加熱，即使煮汁煮至沸騰，溫度也仍然未及100℃，但除了變色之外，色素也會溶於煮汁當中。以茄子味噌湯為例，茄子煮得過久時會褪色，因溶出的色素茄甙而使得味噌湯也變成了紫色。但茄子以100℃以上的油脂油炸，色素茄甙會呈安定狀態，並保持鮮艷的色彩。此外，油炸表面會因油脂的保護，而讓色素不易溶出。

　　茄子的組織，因為是容易吸收油脂的海綿狀，因此用油炸烹調，會出現特殊的風味並加上油脂的滑潤，還有濃郁口感等，茄子與油脂是很能相互搭配的食材。

Q.137

為什麼炸豬排
會採用豬油呢？

炸豬排是用豬里脊肉或腰內肉，沾裏上麵粉、蛋汁、麵包粉等油炸而成的料理。炸豬排的炸油通常會使用豬脂（lard），因爲用豬脂油炸，可以增添獨特濃郁的風味，再加上麵包粉的潤澤口感，以及肉類分量十足的飽足感等等，使得美味能夠相互和諧搭配。當然也可以說豬肉和豬脂的組合本來就出自同源，因此兩者是絕佳的組成。

原本麵包粉是乾燥的，但是用油炸過後因脫水而乾鬆。只是當炸油採用豬油，麵包粉會變得潤澤且更具沈重感。這如同 Q129所敘述地，豬脂的融點高於植物油。豬脂的融點爲33~46℃，這是豬脂會凝固的溫度。由豬脂炸油中取出後，麵包粉的溫度仍高，盛盤至食用，即使中央肉類仍燙熱，但表面麵包粉的溫度也會逐漸降低至接近室溫。也就是說，入口時麵包表面的豬脂由液狀開始變成固體，乾燥後不會感覺乾澀地，反而有著動物脂肪特有，潤澤濃郁的口感。當麵衣完全冷卻至室溫，麵包粉所吸收的豬脂幾乎完全成爲固體，因此炸豬排整體呈現潤澤且沈重的口感。豬排採用植物油來油炸，因植物油的融點較豬脂低，約是 -20~0℃，所以入口時仍會是液態，也會感覺到麵包粉的乾澀。

Q.138

常說「江戶前天麩羅使用芝麻油」，
堅持的原因為何？

　　以芝麻油來油炸天麩羅，可以讓芝麻的香氣添加在麵衣上，使得風味更好。實際上，利用八種油脂進行油炸天麩羅，依香氣（好←→壞）、口感（酥脆←→硬）、油脂風味（好←→壞）、綜合喜好等（好←→壞）風味進行評估試驗，結果可以確認使用芝麻油，香氣高於其他油脂（圖1）。此外，經常用於油炸的大豆油、玉米油等，在香氣和口感及風味上，也都有很高的評價。其他油脂，與芝麻油混搭，結果發現比例約在30~50%，風味最受大家喜愛。

　　所謂的「江戶前」，指的是東京灣附近捕獲的海產。根據明治三十三年，日本農商務省水產局的報告，在東京灣可以捕捉到相當多的蝦虎魚、鰈魚、沙梭、鯛魚等，其他還有秋刀魚、鰤魚等青背魚。如Q60所提，青背魚特有的味道，當魚的鮮度急速降低，風味也會隨之下降。江戶前天麩羅採用芝麻油，其中之一的理由就是芝麻油的香氣，可以減少青背魚令人不快的氣味。

　　再加上麵衣沾裹在魚肉表面油炸，油脂中因魚肉或麵衣所釋放出磷脂質等，就會造成油脂的劣化（請參照 P.133）。雖然空氣中的氧氣對油脂劣化有相當大的影響，但芝麻油當中含有強力抗氧化作用的木酚素（lignan）類成分，因而具抑制油脂劣化的作用。已確知，即使芝麻油與其他油脂混合使用，仍具有抑制劣化的效果。實際上，針對全國120間天麩羅專賣老店為對象，加以問卷調查，發現使用兩種以上油類混合的店家約占七成，而油脂種類當中，芝麻油最受到大家愛用。使用芝麻油的理由，當然是因為香氣，但應該也有部分原因，是因為芝麻油不容易劣化吧。

　　此外，天麩羅的炸油也有地域性，關東地區會使用芝麻油並油炸至呈金黃色澤；但關西地區則是使用綿仔油，炸出顏色略淡的成品。

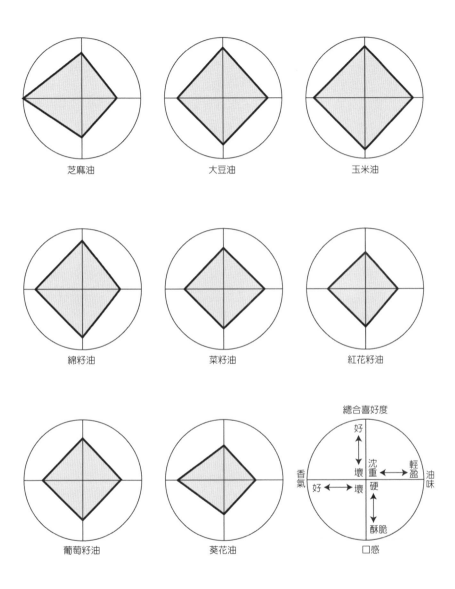

圖1　以八種油脂油炸天麩羅麵衣的評價

川染節江等，調理科學，25,201-206(1992)

Q.139

在熱油中加入水，
為什麼會冒出火花呢？

　　油炸天麩羅，油溫約達180℃左右。油脂的溫度若是一直向上升高，則油脂會被分解出揮發性物質，此時會開始冒出白煙。開始冒出白煙的溫度就稱爲冒煙點，這個冒煙點會因油脂的種類及精製程度而各有不同。大豆油約在195~236℃左右、菜籽油爲186~227℃左右、芝麻油是172~184℃、綿籽油則是216~229℃左右。冒出白煙之後，若是持續加熱，白煙會更加劇烈，若有火種時也可能會燃燒起來。油溫在360℃以上，即使周圍沒有火種，也會產生自燃的狀況。

　　油脂點燃的溫度會因種類而有不同，大約是在200~250℃之間。像這樣的熱油當中，滴入水滴時會瞬間蒸發，而同時也會有細小油滴一起飛濺出來。如果是油鍋正在加熱，飛散的油滴落入燃燒的火源，可能就會使鍋中冒出花火。

第七章　蒸煮與熱的關係

Q.140

溫度到達多少會開始飄出蒸氣？
燜蒸與燙煮哪種比較快煮熟食材呢？

在烹調分野上所謂的蒸氣，指的大都是水蒸氣。一大氣壓（大氣壓），水會在100℃時沸騰，成爲水蒸氣，但水蒸氣若是以烤箱等能夠高溫加熱的機器來加熱，溫度還會更加升高。水蒸氣的溫度與空氣相同，基本上會升高到幾度呢？加熱超過100℃的水蒸氣再被加熱，就稱爲過熱蒸氣。

水煮加熱與利用水蒸氣燜蒸加熱，哪一種會比較快完成呢？這其實必須視加熱時的狀況，而不能以一概全地加以論斷。

水煮加熱與燜蒸加熱，對食材的傳熱方式並不相同。水煮加熱是利用近百度高溫的熱水，以對流熱方式將熱量傳至食材。燜蒸加熱則是水蒸氣接觸到100℃以下的食材，在水蒸氣變成水，利用釋放出凝縮熱的形態傳熱至食材上。1g 水升高1℃時，必要的熱量相當於1卡路里（水溫15℃時），但1g 水蒸氣變成水時，釋放出的熱量爲539卡路里。也就是蒸氣燜蒸加熱食材，能夠傳遞大量熱源。

快速地加熱至熟透，就是有足夠大量能傳遞至食材的熱量。像是燙煮，單純燙煮作業，但液態表面靜靜晃動程度，與水煮至咕嘟咕嘟的程度，傳熱至食材的熱量大約多了百倍以上。同樣的燜蒸作業，也必須視接觸至食材水蒸氣的狀況，其傳遞的熱量也有不同，不能單純地兩相比較。若眞要比較，蒸籠中瀰漫大量水蒸氣的狀態來看蒸氣量，會比咕嘟咕嘟沸騰熱水燙煮的熱量更大一些，所以燜蒸時對食材的傳熱比較多，也會比較快完成加熱。

Q.141

用烤箱隔水加熱與用蒸籠蒸煮，
哪裡不同呢？

　　用烤箱隔水加熱與用蒸籠蒸熱，雖然是完全不同的感覺，但其實都同樣是在密閉空間中，使其產生的水蒸氣，利用蒸氣來加熱食材。只是蒸氣量相當不同，蒸籠中充滿著蒸氣量，遠比烤箱內的蒸氣量多（圖1）。也就是說蒸籠可以比較快升高食材溫度，而烤箱則需要花些時間慢慢加熱。

　　實際上，比較用烤箱隔水加熱蒸烤焦糖布丁，與用蒸籠使用大火和中火蒸熱，調查布丁中央溫度的變化（圖2）。藉由這個調查實驗可以得知，大火蒸6分鐘後焦糖布丁的溫度升高至20℃，但以烤箱隔水加熱的布丁，6分鐘時僅升高了9℃，由此可知，相較於大火蒸籠加熱，烤箱的隔水加熱，明顯地溫度上升更為緩慢。並且，可以知道以烤箱隔水加熱，溫度上升的速度比不完全覆蓋鍋蓋的中火蒸燜更緩慢。

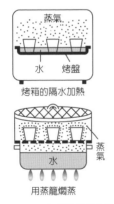

圖1　隔水加熱烤箱與蒸籠
的加熱狀態

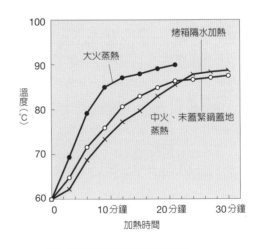

圖2　焦糖布丁中央部分的溫度變化

山崎芙美子，調理科學，14-155-160（1963）

肉類、魚類和蔬菜 —
依材料不同蒸煮方式也應該改變嗎？

　　肉類、魚類和蔬菜，因為其成分各有不同，對於料理完成時的期待也不相同，也因此最適當的蒸煮溫度需要依種類而定。

　　為避免肉類或魚類加熱時，含有美味成分的肉汁流失，最重要的就是儘速使表面凝固。蒸煮加熱，如 Q140 所說，水蒸氣的凝縮熱會將熱量傳至食材，使肉類和魚類表面儘速受熱凝固。另一個是抑制肉汁流出的重點，就是避免膠原蛋白收縮地將肉類與魚類中央部分的溫度，保持在 65~70℃ 之間。一旦超過這個溫度，膠原蛋白會急遽收縮，將肉汁擠壓出來。另一方面來看，將加熱維持在 65℃ 左右，膠原蛋白不會收縮，所以能夠保住肉汁並讓肉質呈柔軟狀態。順道一提的是，利用這個溫度的料理方式就稱 "真空調理法"（請參照 Q5）。

　　話雖如此，實際調理時，要保持低溫的蒸煮狀態確實有困難，或是即使蒸煮溫度能保持低溫，但接觸到水蒸氣，因凝縮熱傳導，魚類和肉類的溫度會立即升高。因此肉類和魚類可以短時間高溫蒸煮，取出後利用餘溫即可實現最佳狀況。此外，為避免蒸煮加熱時水蒸氣接觸到魚類和肉類，可以在食材表面覆蓋上蔬菜或是保鮮膜來蒸煮。

　　提到蔬菜的部分，蔬菜因果膠變化的關係，在 60℃ 時會變硬，而至 80~90℃，才會再次變軟（請參照 Q46）。想要蒸煮成仍有爽脆口感的蔬菜，可以和魚類或肉類蒸煮般，以高溫迅速蒸煮，同時避免蔬菜的溫度超過 60℃ 即可。反之，若是想要蒸煮出柔軟蔬菜，蒸煮時間越長，口感越柔軟。

木製和金屬蒸籠，
哪種比較好呢？

　　蒸籠的構造，大致上來說是在下方放入水分加熱，使上方的蒸籠中充滿水蒸氣，利用水蒸氣的凝縮熱來加熱食材。運用在中式料理中的蒸籠是木片製成的，也有金屬或其他種類的蒸籠。木製或金屬製，無論哪一種都可以，會因使用目的而區分。

　　木製蒸籠，放置在裝滿水的鍋子上加熱。適合想要使溫度不會過高地慢慢加熱，不需嚴密要求氣密性時使用。中式蒸籠中以竹片編成的蓋子，適度地散發排出蒸氣，因此和金屬製品不同，不需要擔心水滴會滴落在食材上。但是蒸氣排出的部分，會使得熱水迅速減少，所以若在蒸煮過程中熱水不足，必須要在溫度下降前補足熱水。此外，蒸籠本身是木製的，可以藉此防止熱量向外散出，具斷熱作用，還能吸收多餘的水分，也具有吸濕效果。因此，即使木框接觸到食物，也不會像金屬材質般會將水分滴落至食材上。

　　另一方面，金屬製作的蒸籠具有高氣密性，水蒸氣不易散出，適合高溫長時間蒸煮的需要。但是蒸煮時因蓋著鍋蓋，可能會使水蒸氣滴落在食材上是其缺點。也因為是氣密性高且金屬易於熱傳導，因此蓋子也會因外部空氣而產生冷卻的現象。用乾布巾覆蓋或是以乾布巾夾著蓋子覆蓋，都能避免掉這個缺點。

中式蒸籠是用編格狀具透氣性的蓋子，可以適度地排出水蒸氣也能防止水滴掉落至食材上。不會有過高的溫度，因此適合緩慢加熱的食材。

Q.144

蒸魚和烤魚，
蒸魚的魚肉為什麼會比較膨脹呢？

　　相較於烤魚，蒸魚的魚肉會更鬆軟，這是因為蒸煮可以避免水分消失而不會變得乾燥。因為四周充滿著水蒸氣，所以魚類的水分不易蒸發，再加上水蒸氣接觸到魚肉，也會變成水分，因此還能將水分補充至魚肉上。

　　烤魚，在烘烤過程中水分會被蒸發，因此魚的重量反而會比烘烤前減少。烘烤至焦脆的魚皮，是因為魚皮水分減少，產生乾燥現象所引起。而蒸魚是在蒸煮，水蒸氣附著於其上，因此魚的重量反而會較蒸煮前重，以上都是經過實驗所得的結果。一般來說，因食材加熱而變得乾燥流失水分，組織會變得細緻緊密、也會變硬，但保持水分的狀態，也就是組織間充滿著水分，則會呈現柔軟口感。

　　蒸魚，大致上會使用白肉魚。白肉魚，特別是含水量的狀況會影響到魚肉的硬度及鬆軟程度。如 Q80 中所說，構成肉類和魚類肌肉的肌纖維細胞當中，充滿著纖維狀的肌原纖維蛋白質和水溶性球狀肌形質蛋白質。一旦加熱，最初的肌原纖維蛋白質會因熱凝固，接著肌原纖維蛋白質之間會形成糊狀，以固定肌形質蛋白質。成為如此狀態時，肉質會呈現堅硬且緊實的口感，但白肉魚一旦被加熱，肉質會容易呈鬆散狀。這是因為白肉魚的肌形質蛋白質含量比其他魚類少，再加上有部分不會產生凝固，所以肌原纖維蛋白質的凝結能力也會因而減弱。這個由蒸好的白肉魚在咀嚼時，會感覺到纖維狀肉質就可以得到證明。像這樣的魚肉，當組織中水分減少時就會感覺到乾澀粗糙的口感；但若是以增添水分的蒸煮方式來加熱，纖維狀肉質會因浸泡在水中，而呈現潤澤柔軟的口感。另外，因蒸煮後肉質的溫度仍高，所以組織中所含的水分，部分會變成水蒸氣，使得體積因而膨脹，全體呈現膨脹柔軟的狀態。

Q.145

蒸甘薯和烤甘薯，
哪種比較甜呢？

　　甘薯加熱時會增加甜度，但經驗中比起蒸的甘薯，烤甘薯會更容易感覺到甘甜的風味。因加熱會使甘薯的甜味增加，這是因為甘薯中含有大量稱為 β 澱粉酵素的澱粉分解酵素。這些酵素在加熱時產生作用，將甘薯中的澱粉分解成麥芽糖（Maltose），因此甜味增加。相較於蒸煮，烘烤時間較長，也因水分蒸發而使得糖分被濃縮而更感覺香甜。

　　β 澱粉酵素的作用，活動最強的溫度是 50~55℃，但根據研究報告可以確認其作用只至80℃為止。為了使澱粉分解後能形成更多的麥芽糖，在加熱甘薯時，儘可能長時間保持酵素的作用，就是最大的重點。實際上，使用切成六等分的甘薯（300~400g），進行甘薯中央內部溫度的變化測試，烘烤時中央溫度上升較為緩慢，因此也能長時間確保酵素產生作用的溫度。並且加熱後的糖量（麥芽糖量），烤甘薯比蒸甘薯更多了1.5倍。但若是大條的甘薯不經分切地整條加熱，無論是蒸或是烤，都因需要長時間加熱，因此加熱後的糖量反應並沒有太大的區別。

　　烤甘薯會感覺香甜，並不單純是麥芽糖量增加，還包括烘烤過程中水分蒸發，使得甜度更為濃縮。蒸煮時甘薯會因水分的增加而稀釋了糖分，減弱甜度。蒸煮較大的整條甘薯，以小火長時間蒸煮，也可以讓甜度更為增加。

　　另外，微波爐加熱，加熱時間非常短，酵素的活動溫度帶也很短暫，所以就算是大條甘薯，加熱後的糖量也不及烘烤或蒸煮的一半。

Q.146

浮渣較少的蔬菜，

與其燙煮不如用蒸的會比較好吃？

　　沒有澀味的蔬菜與其用煮的，不如用蒸的，更能不損及蔬菜的香氣及風味地完成烹煮。

　　燙煮蔬菜，是先破壞細胞，使其中的澀味等成分於水中溶出，細胞中的營養成分及香味成分也會一起溶出。再加上食材浸泡於水中或於水中完成燙煮，風味也會被稀釋。相較於此，蒸煮加熱，附著於食材中的水量少於燙煮時的水量，因此不會損及風味，而且蔬菜營養成分的流失也較少。也就是說沒有澀味的蔬菜，蒸煮是比較不會損及風味的加熱方式。

　　雖然不是蔬菜，但試著比較燙煮馬鈴薯和蒸煮馬鈴薯（切成5mm厚片），其中維他命C的殘存率。維生素C在蒸煮時約為78%，燙煮時則僅存54%。維生素C是水溶性維生素，因此特別容易溶於水中，但在咕嘟咕嘟的沸騰熱水裡燙煮，香氣成分也會由被破壞的細胞中散出溶於水中。

　　另外，即使是用微波爐加熱蔬菜，完成時就像是蒸煮一樣。相較於微波爐加熱與蒸煮加熱，微波爐加熱比較能殘留較多的蔬菜成分。但微波爐加熱時容易產生受熱不均的狀況，使得蔬菜無法均勻加熱。以這個部分來看，蒸煮加熱幾乎可以完全均勻。微波加熱適用於少量蔬菜，但若是大量蔬菜需要加熱時，反而用蒸的會比較能夠節省時間。

Q.147

請傳授製作茶碗蒸
不會出現「小孔洞」的要訣。

　　茶碗蒸是將打散在高湯中的蛋液，倒入容器中，利用蛋白質凝固的特性製作而成的料理。這道料理最美味之處，就在於入口即化般滑順軟嫩的口感。所謂的「小孔洞」，是因加熱使得食材內部形成的間隙，這樣的孔洞是因爲蛋液中水分變成水蒸氣時的氣泡，或是凝固的蛋液中因排出水蒸氣時形成。一旦產生了「小孔洞」，就會損及茶碗蒸特有的滑順軟嫩。

　　用高湯溶入的蛋液，開始凝固的溫度會因材料種類以及比例、使用的蒸籠、火力等條件，而有各種相異之處，但大約是在75~80℃左右。蛋液的溫度變高，溶入蛋液中的空氣也會隨之膨脹，形成氣泡，水分蒸發後就會形成水蒸氣的氣泡了。這些氣泡在遇熱而凝固的蛋液內無法排出，導致在凝固蒸蛋中形成小孔洞。蛋液凝固後，又持續加熱，水蒸氣會更加膨脹，使得氣體爲了從凝固蛋液中掙脫而出地穿透蛋液，這個氣體排出的路徑就是形成的小孔洞。

　　爲了避免發生蒸蛋上的「小孔洞」，控制使蛋液的溫度不要過度升高，就是最重要的絕竅。一般的茶碗蒸加熱時使用蒸籠，但蒸籠內部也會有溫度不均勻的狀況。因爲蒸氣是由下向上，直接衝擊的蒸氣孔洞或架放容器處的溫度最高。正因如此溫度不均，導致裝入了蛋液的茶碗內，也產生受熱不均的狀況，接觸到底部網架部分的蛋液溫度，也會較其他部分更快升高。這也是底部小孔洞容易發生的原因。若是想要避免底部產生小孔洞而減弱火力，使產生的水蒸氣量變少，傳出的熱量減弱，加熱時間也會隨之拉長。但如此一來，反而底部仍可能會有孔洞產生。

　　爲避免茶碗內受熱不均，以及底部的產生孔洞，經實驗證明，利用餘溫就可以達到這樣的效果。雖然會因茶碗大小或數量而有不同，但用大火加熱蒸3~4分鐘後，熄火放置5~6分鐘。如此一來就能抑止底部的高溫，

使得茶碗中央部分的蛋液，可以利用餘溫來凝固，做出沒有孔洞、滑順軟嫩的口感了。

傳導熱

傳導熱，是靜止的物體有溫度差異，熱量由高溫處傳至低溫處時的移動方式。例如，熱量由食材的表面傳至內部、從平底鍋底的熱量傳遞至食材、從沒有對流動作的水分將熱量傳遞至浸泡於水中的食材等，由接觸體所傳遞的熱量，即為傳導熱。傳導熱傳遞的速度就稱為傳導率的數據，這些數據會因物質而有所不同。

對流熱

對流熱，是動作中的液體或氣體與接觸的固體間，用此方式來移動熱量。動作中的液體與氣體的溫度較固體高，熱量會由液體或氣體移向固體，反之固體的溫度高於液體或氣體，則由固體移動至液體或氣體。例如燙煮蔬菜，熱水將熱量傳至蔬菜，或是烤箱內熱空氣，將熱量傳遞至食材上，這些就是對流熱。對流熱的對流動作越劇烈，傳遞的熱量越大。

輻射熱

輻射熱（放射熱）是不藉由物體地以紅外線的形式，由溫度較高處將熱量傳遞至溫度較低處。由高溫物體放射紅外線至低溫物體表面，被吸收後轉換成熱量。例如烤箱中的加熱器將熱量傳遞至麵包上、碳火將熱傳遞至烘烤的魚類等等，就是輻射熱。紅外線會因波長不同，滲入物體時的深度也各有特色，遠紅外線般長波紅外線就不太會進入物體內部，幾乎完全在表面就被吸收了。

乳化、乳液狀

水和油般無法相互溶合的二種液體等，能均勻地混合狀態，就稱為乳液狀，而製作成乳液狀的操作即為乳化。

為使二種無法互相溶合的液體能均勻混拌，只能是其中一方的液體將微小粒狀散置於另一方的液體當中。例如沙拉醬汁放置時會呈油醋分離狀態，但充分搖晃後就能使油醋混合。這樣的混合狀態就稱為乳液狀，充分混合的行為則為乳化作業。

美乃滋當中蛋黃具有使乳液狀安定的作用，因此能夠保持不會油水分離的乳液狀。細小油分粒子分散在鮮奶油的水分之中，或是水分粒子分散在奶油的油脂當中，這些都是乳化狀態。

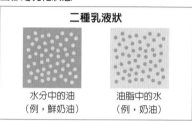

二種乳液狀

水分中的油（例，鮮奶油）　油脂中的水（例，奶油）

α化

澱粉中添加水分加熱，因澱粉種類而有所差異，但在58~68℃之間會逐漸增加黏性，至70~80℃附近，會呈現半透明狀態的糊狀。這些成為糊狀的現象就稱為α化或糊化。α化是澱粉分子構造因水和熱的作用而產生的變化。

α化澱粉再經放置後會回復至α化之前的狀態。這種現象就稱為老化。放在冰箱中的米飯變硬，就是因為澱粉的老化。

pH（酸鹼值）

所謂pH值，是指氫離子指數。表示水溶液的酸性或鹼性的單位，最小值為0，最大值為14，中性為7。

水溶液的酸性，取決於水溶液中氫離子（H^+）和氫氧離子（OH^-）的濃度平衡而得。一大氣壓下，25℃純水中所含的氫離子和氫氧離子的數據相同，就是中性的7。氫離子較氫氧離子多，pH值小於7時就稱為酸性，數據越小酸性越強。相反地若是氫氧離子較氫離子多，pH值大於7，就稱為鹼性，數據越大鹼性越強。

酸性水溶液雖然嚐起來會感覺酸味，但酸味強的pH值未必一定呈酸性，會因酸的種類而有所不同。

←強烈酸性		強烈鹼性→
酸性	中性	鹼性
pH0	pH7	pH14

並且 pH 值以英語才是正式的發音，但在日本也常會唸成 PEHA 的德式發音。

果膠

果膠是植物細胞的細胞壁所構成的成分之一，由多醣類之一的長形鎖鍊狀之半乳糖醛酸，結合而成的物質。大量地存在於蔬菜和水果之中，連結著細胞與細胞，使得組織適度地維持硬度，並使其保持一定的作用。

若在中性或鹼性水溶液中加熱蔬菜，會產生分解作用而切斷果膠的長鎖鍊連結。一旦長鎖鍊連結被切斷變短後，果膠很容易由細胞壁中流出，使得細胞間變得易於分離，蔬菜也會因此而變軟。另一方面，在酸性水溶液中加熱，因不容易產生分解，所以蔬菜並不容易變軟（但一直持續加熱，會因水解使得果膠鎖鍊被切斷，因此最終仍會變軟）。

果膠中適度地加入糖和酸，混拌加熱後會產生膠質，果醬就是利用這樣的性質加工而成。

膠質、溶膠

液體中分散著微小粒子時稱為溶膠。例如牛奶或美乃滋般液體（水）中分散著液體（油）；或是像寒天液或明膠液般，液體（水）中分散著固體（多糖類或蛋白質）的，則稱為溶膠。溶膠，在液體中的微小粒子可以自由移動，因此具流動性。

液體中的微小粒子數量增加，粒子之間會相互連結，使液體整體形成立體的網狀結構，當粒子變得無法自由移動，就成了凝固的膠狀。這樣凝固的物質就稱為膠質，凝固現象就稱為膠質化。寒天或明膠，加熱後溶於液體中會成為溶膠，冷卻後會成為膠質，再加熱又成溶膠。但也有像豆腐般一旦膠質化之後，即使其他條件改變，也不會再回復原狀的物質。

麵筋

麵粉中所含有85%的蛋白質，分別是稱為麥穀蛋白的蛋白質，和稱為醇溶蛋白的蛋白質。麥穀蛋白稍硬且有彈力，具不太容易延展的特性，但另一方面醇溶蛋白彈性較弱，一旦吸收水分，會產生強烈黏性，具有容易延展的特性。麵粉中添加水分揉和，麥穀蛋白和醇溶蛋白相互連結作用，相互交錯連結後，就會形成網狀結構的麵筋組織。麵筋組織同時具備有麥穀蛋白的彈性和醇溶蛋白的黏著性，因此可以產生出具有嚼勁的口感。這樣的麵筋組織是小麥特有的物質，並不常見於其他穀物之中。

過熱蒸氣

水蒸氣是水分蒸發時所形成的無色透明氣體，一般來說指的是100℃以下者，超過100℃以上者，則稱為過熱蒸氣（過熱水蒸氣）。過熱蒸氣的溫度與空氣相同，會因持續加熱而上升，能夠上升至1000℃以上。

當食材表面溫度低於100℃，水蒸氣、過熱蒸氣會在食材表面凝縮，而成為液態的水分。此時水蒸氣、過熱蒸氣會從被稱為凝縮熱的巨大熱量中（1g 相當於539卡路里）所釋放出來。以水蒸氣或過熱蒸氣加熱的食材，當表面溫度在100℃以下，主要是因接收了凝縮熱而使溫度上升。

水蒸氣只會升高至食材表面溫度約100℃左右，因此不會呈現烤色，但以過熱蒸氣將食材溫度升高至100℃以上，就會出現烘烤色澤了。

蒸發熱、凝縮熱

所謂蒸發熱（蒸發潛熱），指的是水分被加熱變成水蒸氣時所需的熱量，像是蒸發100℃的水，每1g 需要539卡路里。反之，當水蒸氣變成水，所需要的熱量，稱為凝縮熱（凝縮潛熱），接觸冰冷食材等的水蒸氣凝縮之時，需要與蒸發熱同樣的熱量，也就是必須由食材提供，1g 的水相當於539卡路里的熱量。若以1g 水上升1℃必要的熱量為1卡路里來看，就能知道蒸發熱和凝縮熱所吸收及排放熱量的巨大程度。

Easy Cook

用科學方式瞭解「熱」的為什麼？

作者　佐藤秀美

出版者／大境文化事業有限公司　T.K. Publishing Co.

發行人　趙天德

總編輯　車東蔚

文案編輯　編輯部　美術編輯　R.C. Work Shop

翻譯　胡家齊

台北市雨聲街77號1樓

TEL：(02)2838-7996　　FAX：(02)2836-0028

法律顧問　劉陽明律師　名陽法律事務所

初版日期　2014年9月

定價　新台幣 400元

ISBN-13：9789868952799　　書　號　E94

讀者專線　(02)2836-0069

www.ecook.com.tw

E-mail　service@ecook.com.tw

劃撥帳號　19260956 大境文化事業有限公司

OISHISA WO TSUKURU"NETSU"NO KAGAKU
RYOURI NO KANETSU NO NAZE? NI KOTAERU Q&A
©HIDEMI SATO 2007
Originally published in Japan in 2007 by SHIBATA PUBLISHING CO., LTD.
All rights reserved. No part of this book may be reproduced in any form without the written permission of the publisher.
Chinese translation rights arranged with SHIBATA PUBLISHING CO., LTD., Tokyo
through TOHAN CORPORATION, TOKYO.

用科學方式瞭解「熱」的為什麼？
佐藤秀美 著 初版. 臺北市：大境文化，2014[民103]
240面；15×21公分. ----(Easy Cook 系列：94)
ISBN-13：9789868952799
1. 烹飪 2. 熱學 3. 問題集
427.022　　　103015154

Staff
裝訂、插畫 ■ 鈴木道子
照片 ■ 長瀬ゆかり
企畫 ■ 土田美登世
編集 ■ 美濃越かおる